新时代科技特派员赋能乡村振兴答疑系列

作物防灾减灾知识

LIANGSHI ZUOWU FANGZAI JIANZAI ZHISHI YOUWEN BIDA

有问必答

山东省科学技术厅
山东省农业科学院　　组编
山　东　农　学　会

刘　霞　李　勇　穆春华　主编

中国农业出版社
农村读物出版社
北　京

图书在版编目（CIP）数据

粮食作物防灾减灾知识有问必答 / 刘霞，李勇，穆春华主编 .—北京：中国农业出版社，2020.6
（新时代科技特派员赋能乡村振兴答疑系列）
ISBN 978－7－109－26823－4

Ⅰ.①粮… Ⅱ.①刘… ②李… ③穆… Ⅲ.①粮食作物—灾害防治—问题解答 Ⅳ.①S510.5－44

中国版本图书馆 CIP 数据核字（2020）第 076192 号

中国农业出版社出版
地址：北京市朝阳区麦子店街 18 号楼
邮编：100125
责任编辑：廖 宁
版式设计：王 晨　　责任校对：赵 硕
印刷：北京中兴印刷有限公司
版次：2020 年 6 月第 1 版
印次：2020 年 6 月北京第 1 次印刷
发行：新华书店北京发行所
开本：880mm×1230mm 1/32
印张：3.75
字数：180 千字
定价：18.00 元

新时代科技特派员赋能乡村振兴答疑系列

本书编委会

主　编： 刘　霞　李　勇　穆春华

副主编： 张发军　鲁守平　冷冰莹

参　编（以姓氏笔画为序）：

丁照华　王本新　王盈桦　卢增斌

刘国利　李　明　李文才　杨　菲

杨竞云　宋新元　张成华　张晗菡

金　敏　单　娟　赵丽萍　姜春明

骆永丽　曹　冰

序

PREFACE

农业是国民经济的基础，没有农村的稳定就没有全国的稳定，没有农民的小康就没有全国人民的小康，没有农业的现代化就没有整个国民经济的现代化。科学技术是第一生产力。习近平总书记2013年视察山东时首次作出“给农业插上科技的翅膀”的重要指示；2018年6月，总书记视察山东时要求山东省“要充分发挥农业大省优势，打造乡村振兴的齐鲁样板，要加快农业科技创新和推广，让农业借助科技的翅膀腾飞起来”，总书记在山东提出系列关于“三农”的重要指示精神，深刻体现了总书记的“三农”情怀和对山东加快引领全国农业现代化发展再创佳绩的殷切厚望。

发端于福建南平的科技特派员制度，是由习近平总书记亲自总结提升的农村工作重大机制创新，是市场经济条件下的一项新的制度探索，是新时代深入推进科技特派员制度的根本遵循和行动指南，是创新驱动发展战略和乡村振兴战略的结合点，是改革科技体制、调动广大科技人员创新活力的重要举措，是推动科技工作和科技人员面向经济发展主战场的务实方法。多年来，这项制度始终遵循市场经济规律，强调双向选择，构建利益共同体，引导广大科技人员把论文写在大地上，把科研创新转化为实践成果。2019年10月，总书记对科技特派员制度推行20周年专门作出重要批示，指出“创新是乡村全面振兴的重要支撑，要坚持把科技特派员制度作为科技创新人才服务乡村振兴的重要工作进一步抓实抓好。广大科技特派员要秉持初心，在科技助力脱贫攻坚和乡村振兴中不断作出新的更大的贡献”。

山东是一个农业大省，“三农”工作始终处于重要位置。一直以来，山东省把推行科技特派员制度作为助力脱贫攻坚和乡村振兴的重要抓手，坚持以服务“三农”为出发点和落脚点、以科技人才为主体、以科技成果为纽带，点亮农村发展的科技之光，架通农民增收致富的桥梁，延长农业产业链条，努力为农业插上科技的翅膀，取得了比较明显的成效。加快先进技术成果转化应用，为农村产业发展增添新“动力”。各级各部门积极搭建科技服务载体，通过政府选派、双向选择等方式，强化高等院校、科研院所和各类科技服务机构与农业农村的连接，实现了技术咨询即时化、技术指导专业化、服务基层常态化。自科技特派员制度推行以来，山东省累计选派科技特派员2万余名，培训农民968.2万人，累计引进推广新技术2 872项、新品种2 583个，推送各类技术信息23万多条，惠及农民3亿多人次。广大科技特派员通过技术指导、科技培训、协办企业、建设基地等有效形式，把新技术、新品种、新模式等创新要素输送到农村基层，有效解决了农业科技“最后一公里”问题，推动了农民增收、农业增效和科技扶贫。

为进一步提升农业生产一线人员专业理论素养和生产实用技术水平，山东省科学技术厅、山东省农业科学院和山东农学会联合，组织长期活跃在农业生产一线的相关高层次专家编写了“新时代科技特派员赋能乡村振兴答疑系列”丛书。该丛书涵盖粮油作物、菌菜、林果、养殖、食品安全、农村环境、农业物联网等领域，内容全部来自各级科技特派员服务农业生产实践一线，集理论性和实用性为一体，对基层农业生产具有较强的指导性，是生产实际和科学理论结合比较紧密的实用性很强的致富手册，是培训农业生产一线技术人员和职业农民理想的技术教材。希望广大科技特派员再接再厉，继续发挥农业生产一线科技主力军的作用，为打造乡村振兴齐鲁样板提供“才智”支撑。

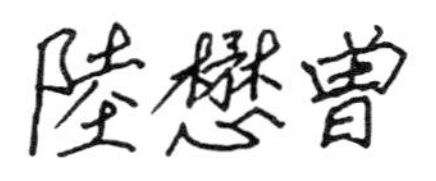

2020年3月

前言 FOREWORD

党的十九大报告指出，农业农村农民问题是关系国计民生的根本性问题，必须始终把解决好“三农”问题作为全党工作的重中之重，实施乡村振兴战略。科技特派员制度是1999年在科技干部交流制度上的一项创新与实践，已有20多年的历史。2019年10月，习近平总书记对科技特派员制度推行20周年作出重要指示指出：创新是乡村全面振兴的重要支撑，要坚持把科技特派员制度作为科技创新人才服务乡村振兴的重要工作进一步抓实抓好，广大科技特派员要秉持初心，在科技助力脱贫攻坚和乡村振兴中不断作出新的更大贡献。

为了落实中共中央、国务院关于实施乡村振兴战略的决策部署，深入学习贯彻习近平总书记关于科技特派员工作的重要指示精神，促进山东省科技特派员为推动乡村振兴发展、助力打赢脱贫攻坚战和新时代下农业高质量发展提供强有力支撑，山东省科学技术厅联合山东省农业科学院和山东农学会，组织相关力量编写了“新时代科技特派员赋能乡村振兴答疑系列”丛书之《粮食作物防灾减灾知识有问必答》。本书共分3章，内容涵盖突发重大疫情对农业生产的影响、应对措施及建议，小麦常见灾害及预防应对，玉米常见灾害及预防应对，以期为广大粮食作物种植者、科技工作者、产业界人士及政府主管部门提供参考和借鉴。

编者本着强烈的敬业心和责任感，广泛查阅、分析、整理了相关文献资料，在编写过程中，得到了有关领导和兄弟单位的大力支持，得到了许多科研人员提供的丰富研究资料和宝贵建议以及大量辅助性工作。在此，谨向他们表示衷心的感谢。

由于水平有限，本书疏漏之处在所难免，恳请读者批评指正。

编　者

2020年3月

目录 CONTENTS

第一章　突发重大疫情对农业生产的影响、应对措施及建议

1. 新冠肺炎疫情对农业的影响及应对措施与建议有哪些？

2020年新年伊始，新型冠状病毒感染肺炎疫情开始暴发，并全球持续蔓延，截至2020年6月9日，各国已向世界卫生组织报告新冠肺炎确诊病例718万，近40万人死亡。全球逾60个国家和地区相继宣布进入紧急状态，部分国家或地区还采取了“封国”“封城”的措施。根据联合国粮食及农业组织的调查报告，在全球206个国家与地区中，只有33个国家能够在粮食上做到自给自足，只有6个国家具有对外援助能力，分别是中国、美国、澳大利亚、巴西、阿根廷和新西兰。如果疫情继续扩散，将对全球农业生产和粮食安全构成重大威胁。

（1）新冠肺炎疫情对农业的影响

① 农业生产资料购置渠道不畅通。为了更好地打赢这场“防疫战”，很多国家都采取了“封国”或者“封城”措施。这一措施致使

售卖农业生产资料的商户多处于关门闭市的状态。农民获得种子、肥料和杀虫剂等投入品的机会有限，导致农事工作无法顺利开展。

② 劳动力短缺。在春耕时节需大量用工，但受限于部分地区交通封堵等因素，人员流动受到约束，很难找到帮忙人员，农事活动无法进行，导致一些农业用地未能及时耕种。

③ 农产品滞销。由于受到疫情影响，物流运输受阻严重，国际运输服务被延误或取消，直接导致贸易中断。农产品被迫内销后，又无利可图。无论是中国、泰国、越南、缅甸等国家的水果业，还是新西兰的龙虾养殖业，在疫情下都饱受打击，纷纷出现了滞销危机。

④ 供需矛盾突出。随着疫情在全球范围内的扩散，世界各国都经历了囤货风潮。由于避免感染的最佳办法就是减少与外界的接触，所以各国民众纷纷开始抢购货物以减少疫情期间出门的频率。致使部分农产品出现居民恐慌性抢购、农产品难以持续性充足供应等现象。

（2）应对新冠肺炎疫情的措施及建议

① 开辟农产品运输绿色通道。从整体层面来看，疫情发生后，无论是农业生产资料运不进来，还是生产的农产品卖不出去，都与

流通渠道受阻密切相关。因此，各级政府和各地交通运输部门需要结合当地具体情况，整合匹配资源，为售卖农业生产资料和农产品的的商户开辟绿色通道，允许运输化肥、农药、生鲜等生产资料和农产品的车辆通行，为农产品铺设顺畅的运输通道。

② 完善农产品物流配送体系。农产品多属于生鲜产品，存在储存难、上市周期短等特质。物流不畅将直接影响农产品的销售周期，农产品的物流配送体系将直接影响农户收入及生鲜农产品种植行业的发展后劲。但由于各地实行严格管控措施，向外销售受到很大影响。对此，各地政府相关部门应一方面组织自有资源，构建区域内物流体系，另一方面要善用物流企业资源，搭建跨区域物流体系。

③ 改进农产品营销模式。当前农产品的交易仍以线下批发市场为主，农产品的销售仍主要依赖于固定的收购商，而疫情的发生限制了收购商的出行、农产品正常批量运输及大型农产品交易中心的正常经营，所以农产品长期依赖的传统销售模式根本无法有效应对此次疫情的冲击，农产品滞销在所难免。因此，各地政府应鼓励并带头示范农产品网络销售，引导农产品生产者通过电商官网、在

线直播、社区团购平台和微信群推广等多种形式促销农产品，并辅以相应的财政、政策支持，拓宽营销渠道、增加客户群，提高市场知名度及销售收入。

2. 沙漠蝗虫的发生规律、危害特点及防治措施有哪些？

蝗虫俗称“蚱蜢”，属于直翅目蝗科，是不完全变态昆虫。该虫具有杂食性、暴食性、突发性和迁飞性的特点，是一种易暴发成灾的害虫。

（1）危害特点　若虫只能跳跃，成虫既可以飞行也可以跳跃。该虫生存力强，适应性广，在坝区、山区、低洼地区和半干旱地区都能生长繁殖。该虫口器坚硬，若虫、成虫咬食植物的叶和茎，在发生轻时咬食嫩枝、嫩叶，在发生重时将叶片或茎秆全部吃光，甚至咬坏穗颈和乳熟的籽粒，造成严重减产。

（2）防控措施

① 及时清除田间地头杂草，并进行深翻晒地，消除蝗虫产卵场所。

② 人工捕捉蝗虫。

③ 生物防治技术。使用杀蝗绿僵菌防治时，可进行飞机超低容量喷雾或大型植保器械喷雾。使用蝗虫微孢子虫防治时，可单独

使用或与昆虫蜕皮抑制剂混合进行防治。

④ 化学防治技术。主要在高密度发生区采取化学防治。可选用的高效、低毒药剂有20%氯虫苯甲酰胺乳油3 000倍液或30%阿维·灭幼脲悬浮剂2 000～3 000倍液或1.8%阿维菌素乳油3 000～4 000倍液或5%氟氯氰菊酯乳油2 000～3 000倍液或苏云金杆菌（Bt）水剂500～1 000倍液或50%氟虫脲乳油1 000～1 500倍液等进行喷雾防治。对蝗虫发生数量多的田块，药剂防治2～3次。为保证药剂防治效果、避免施药人员中毒，建议在阴天、早晨或傍晚进行。

3. 草地贪夜蛾的发生规律、危害特点及防治措施有哪些？

草地贪夜蛾原生于美洲热带和亚热带地区，2016年1月入侵东非地区后，很快蔓延到撒哈拉以南的44个国家。2018年12月，从缅甸迁入中国，至2019年10月已扩散至26个省（自治区、直辖市）。草地贪夜蛾入侵后很快进入严重发生阶段，对非洲和亚洲许多国家的玉米等农作物生产造成了重大影响。

（1）危害特点

① 暴食性。草地贪夜蛾在美洲分化出玉米型和水稻型，前者喜食玉米，后者喜食水稻。入侵中国各地种群经分子鉴定已证实为玉米型。其幼虫具有暴食性，常群体出动，一天能啃光一片玉米地，啃完后会继续开辟新"战场"。玉米苗期受害一般可减产10%～25%，严重危害田块，可造成毁种绝收。据统计，2018年在非洲造成的经济损失高达10亿～30亿美元。

② 繁殖快。一只雌蛾每次可产卵100～200粒，一生可产卵900～1 000粒，且卵到成虫只需3～4周。

③ 迁飞性强。草地贪夜蛾一晚可飞行100千米，雌蛾在产卵前可迁飞500千米。

（2）防控措施

① 源头管控。草地贪夜蛾在中国的周年发生区主要在1月日均温度10 ℃等温线以南的区域，包括海南、广东、广西、云南和

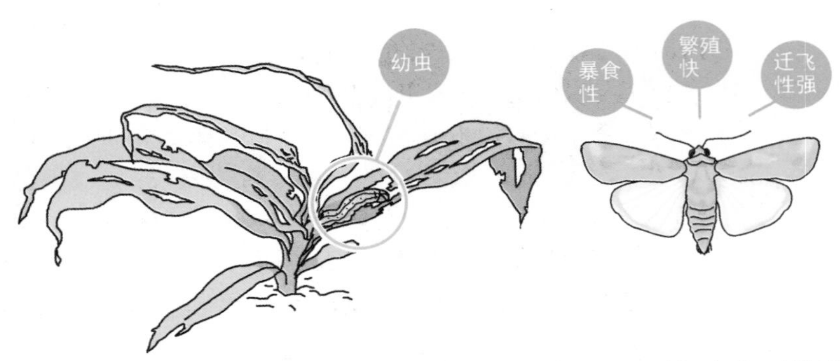

福建等省份的热带、亚热带地区。因此，控制南方周年发生区的繁衍种群和国外迁入种群是全国草地贪夜蛾防控工作的关键着力点。要通过春季成虫迁飞的源头管控，最大限度地减少向长江流域及其以北地区迁飞的数量。

② 种群监测预警。采用性诱捕或灯光诱捕的方式进行种群监测预警，性诱捕具有很强的灵敏性，适合种群发生早期低密度下的监测工作，也可通过测量雄蛾精巢长轴长度推断雌蛾的生殖发育和产卵动态。由于草地贪夜蛾的趋光性明显低于棉铃虫等其他夜蛾类害虫，灯光诱捕的方法不够灵敏，但可用于高密度下的种群监测，其优点是可以通过解剖雌虫卵巢判断虫源迁入迁出性质和产卵动态。

③ 灯光诱杀。灯光诱杀成虫可降低产卵量，1 头雌虫的产卵量为 500～1 000 粒，杀死 1 头未产卵的成虫相当于保护了 1 亩* 地的作物。

④ 化学防治。如果田间作物上的种群数量显著超过防治指标，就要尽快喷施氯虫苯甲酰胺、甲氨基阿维菌素苯甲酸盐（甲维盐）或乙基多杀菌素等高效化学农药。为延缓草地贪夜蛾的抗性发展，不要连续施用相同杀虫机制的化学农药。Bt 和白僵菌、绿僵菌等微生物农药具有保护生态环境的优点，但防效较低、速效性差，适用于种群密度低或者高湿等利于疾病流行的环境。

---

* 亩为非法定计量单位，1 亩≈667 平方米。

第二章 小麦常见灾害及预防应对

一、生物灾害

（一）病害

4. 小麦赤霉病的危害症状、发病规律、防治措施有哪些？

（1）小麦赤霉病的危害症状　从苗期到穗期均可发生，可引起苗腐、茎基腐、秆腐和穗腐，以穗腐危害最大。湿度大时，病部均可见粉红色霉层，即病菌分生孢子和子座。病穗上常呈现以红色为主基色的霉层，故称赤霉病。

① 苗腐。由种子带菌或土壤中的病菌侵染引起。先是芽变褐，然后根冠腐烂。轻者病苗黄瘦，重者幼苗死亡。手拔病株易自腐烂处拉断，断口褐色，带有黏性的腐烂组织。

② 基腐。又称脚腐，从幼苗出土到成熟都可发生。初期茎基变褐软腐，以后凹缩，最后麦株枯萎死亡。

③ 秆腐。初期在剑叶的叶鞘基部呈棕褐色，接着扩展到节部，以后上面长出一层红霉，病株易被风吹断。

④ 穗腐。发病初期，在颖壳上或小穗基部出现小的水渍状淡褐色病斑，逐渐扩大变成枯黄色，同时不断扩大蔓延到全粒或全小穗，甚至整穗发病。以后在颖壳的合缝处或小穗基部生出一种黏胶状的粉红色霉层（病菌分生孢子），到后期高湿条件下，粉红色霉层处产生蓝黑色小粒（病菌子囊壳）。麦穗得病后，麦粒皱缩干瘪，严重时全穗枯腐。

（2）小麦赤霉病的发病规律　病菌主要以菌丝体在寄主病残体上或种子上越夏、越冬，也可在土壤中营腐生生活而越冬。翌年在这些病残体上形成的子囊壳是主要侵染源。子囊壳产生的子囊孢子可借气流、风雨传播，溅落在花器凋萎的花药上萌发，先营腐生生活，然后侵染小穗，几天后产生大量粉红色霉层，经风雨传播引起再侵染。

(3) 小麦赤霉病的防治措施　防治策略应采取以推广抗病品种为主，辅之以减少菌源、栽培防治和化学药剂防治的综合防治措施。

① 选育和推广抗病品种。目前，已经选育出了一批比较抗病的品种，并且在生产上也发挥了一定作用，但总的来说，其抗病性和丰产性还不够理想。

② 加强农业防治，消灭或减少菌源数量。

a. 播种时要精选种子，减少种子带菌率。播种量不宜过大，以免造成植株群体过于密集和通风透光不良。

b. 控制氮肥施用量，实行按需合理施肥，氮肥作追肥时不能太晚。

c. 小麦扬花期应少灌水，不能大水漫灌，多雨地区要注意排水降湿。

d. 采取必要措施消灭或减少初侵染菌源，小麦扬花前要尽可能处理完麦秸、玉米秸等植株残体；前一茬作物收获后应及时翻耕灭茬，促使植株残体腐烂，减少田间菌源数量。

e. 小麦成熟后要及时收割，尽快脱粒晒干，减少霉垛和霉堆造成的损失。

③ 药剂防治。

a. 种子处理是防治芽腐和苗枯的有效措施。可用50%多菌灵可湿性粉剂，每100千克种子用药100～200克湿拌。

b. 喷雾防治是防治穗腐的关键措施。各地应根据菌源情况和气象条件，适时作出病情预测预报，并及时进行喷药防治。防治穗腐的最适施药时期是小麦挑旗期至盛花期，施药应宁早勿晚。比较有效的药剂是多菌灵和甲基硫菌灵等内吸杀菌剂。每公顷用药450～600克，兑水喷雾。

5. 小麦白粉病的危害症状、发病规律、防治措施有哪些?

（1）小麦白粉病的危害症状　小麦白粉病在苗期至成株期均可危害。该病主要危害叶片，严重时也可危害叶鞘、茎秆和穗部。病部初产生黄色小点，而后逐渐扩大为圆形或椭圆形的病斑，表面生一层白粉状霉层（分生孢子），霉层以后逐渐变为灰白色，最后变为浅褐色，其上生有许多黑色小点（闭囊壳）。一般叶片正面病斑比反面多，下部叶片多于上部叶片。病斑多时可愈合成片，并导致叶片发黄枯死。发病严重时植株矮小细弱，穗小粒少，千粒重明显下降，对产量影响很大。

（2）小麦白粉病的发病规律　病菌以分生孢子或子囊孢子借气流传播。温湿条件适宜时，孢子萌发形成附着胞和侵入丝，穿透叶片表皮侵入叶肉细胞，扩展蔓延，并向寄主体外长出菌丝，后在菌丝丛中产生分生孢子梗和分生孢子，成熟后随气流传播蔓延，进行多次再侵染，导致白粉病流行。孕穗期发病达到高峰。白粉病菌在凉爽地区的自生麦苗或夏播小麦上侵染繁殖，或以潜育状态度过夏季，也可通过病残体上的闭囊壳在干燥和低温条件下越夏。

（3）小麦白粉病的防治措施　防治策略应采取以推广抗病品种为主，辅之以减少菌源、栽培防治和化学药剂防治的综合防治措施，主要如下。

① 选用抗病品种。我国在小麦抗白粉病品种的引进、选育、筛选和鉴定方面做了大量工作。据不完全统计，全国各地共鉴定了近万份小麦材料，选育出了一大批抗病品种（系）。需要引起注意的是，由于小麦白粉病菌是专性寄生菌，病菌变异速度快，经常导致品种抗病性丧失。在抗白粉病育种时要不断开发利用新的抗原，特别是从小麦近缘属种材料中寻找抗原。除了利用低反应型抗病性外，还要充分利用小麦对白粉病的慢病性和耐病性。

② 减少初侵染来源。由于自生麦苗上的分生孢子是小麦秋苗的主要初侵染菌源，因此，在小麦白粉病的越夏区，在麦播前要尽

可能消灭自生麦苗，以减少菌源，降低秋苗发病率。在病原菌闭囊壳能够越夏的地区，麦播前要妥善处理带病麦秸。

③ 加强栽培管理。

a. 适期适量播种，控制田间群体密度。在白粉病菌越夏区或秋苗发病重的地区可适当晚播以减少秋苗发病率，但过晚播种则会造成冬前苗弱，春季分蘖猛增，麦叶幼嫩，抵抗力差，发病程度较重。要根据品种特性和播种期控制播量，避免播量过高，造成田间群体密度过大，通风透光不良，相对湿度增加，植株生长弱，易倒伏，发病加重。

b. 合理施肥。应根据土壤肥力状况，控制氮肥用量，增加磷、钾肥，特别是磷肥施用量，可显著降低病情，坚决避免偏施氮肥。

c. 合理灌水，降低田间湿度。北方麦区应根据土壤墒情进行冬灌，减少春灌次数，降低发病高峰期的田间湿度。但发生干旱时也应及时灌水，促进植株生长，提高抗病能力。

④ 药剂防治。在目前抗病品种相对缺乏的情况下，药剂防治仍是小麦白粉病防治的关键措施。药剂防治包括播种期拌种和春季喷药防治。

a. 播种期拌种。在秋苗发病较重的地区，可采用三唑酮拌种进行防治，用药量为种子量的 0.03%，用药量切忌过大，否则会影响出苗。三唑酮拌种能有效控制苗期白粉病和锈病的发生，而且残效期可达 60 天以上，还能兼防根部病害。也可用烯唑醇按种子量 0.02%进行拌种，对防治小麦苗期白粉病、锈病和根腐病亦有较好效果。

b. 春季喷药防治。小麦白粉病流行性很强，在春季发病初期（病叶率达到 10%或病情指数达到 1 以上）要及时进行喷药防治。常用药剂有三唑酮、烯唑醇等。一般喷洒一次即可基本控制白粉病危害。其他杀菌剂如 50%硫黄、庆丰霉素、甲基硫菌灵、退菌特等对小麦白粉病都有较好的防治效果，但这些药剂残效期较短，一般需要喷洒 2～3 次。

6. 小麦纹枯病的危害症状、发病规律、防治措施有哪些?

（1）小麦纹枯病的危害症状　小麦各生育期均可受害，会造成烂芽、病苗死苗、花秆烂茎、倒伏、枯孕穗等多种症状。

① 烂芽。种子发芽后，芽鞘受侵染变褐，继而烂芽枯死，不能出苗。

② 病苗死苗。主要在小麦 3～4 叶期发生，在第一叶鞘上呈现中央灰白、边缘褐色的病斑，严重时因抽不出新叶而造成死苗。

③ 花秆烂茎。返青拔节后，病斑最早出现在下部叶鞘上，产生中部灰白色、边缘浅褐色的云纹状病斑，多个病斑相连接，形成云纹状的花秆，条件适宜时，病斑向上扩展，并向内扩展到小麦的茎秆，在茎秆上出现近椭圆形的“眼斑”，病斑中部灰褐色，边缘深褐色，两端稍尖。田间湿度大时，病叶鞘内侧及茎秆上可见蛛丝状白色的菌丝体，以及由菌丝纠缠形成黄褐色的菌核。小麦茎秆上的云纹状病斑及菌核是纹枯病诊断识别的典型症状。

④ 倒伏。由于茎部腐烂，后期极易造成倒伏。

⑤ 枯孕穗。发病严重的主茎和大分蘖常抽不出穗，形成枯孕穗；有的虽能够抽穗，但结实减少，籽粒秕瘦，形成枯白穗。枯白穗在小麦灌浆乳熟期最为明显，发病严重时田间出现成片的枯死。

（2）小麦纹枯病的发病规律　小麦纹枯病为典型的土传病害。由禾谷丝核菌引起，病原菌的有性状态为喙角担菌，属担子菌亚门角担菌属。无性状态为无性态禾谷丝核菌，属半知菌亚门丝核菌属。病菌以菌核随病残体或在土中越夏、越冬。小麦播种后开始侵染，在田间的发生、发展可分为冬前秋苗期、越冬静止期、返青上升期、拔节盛发期和抽穗后白穗显症期 5 个阶段，侵染高峰期为冬前秋苗期、返青上升期至拔节盛发期。

（3）小麦纹枯病的防治措施　小麦纹枯病的发生与农田生态状况关系密切，在病害控制上要采取以改善农田生态条件为基础、结合药剂防治的策略。

① 种植抗（耐）病品种。目前，生产上缺乏高抗纹枯病品种，重病地块选用耐病品种可以明显减轻纹枯病害造成的损失。

② 加强栽培管理。

a. 高产田块应适当增施有机肥，有机底肥的施用量达到37 500千克/公顷左右，使土壤有机质含量在1%以上。

b. 平衡施用氮、磷、钾肥，避免大量施用氮肥，小麦返青期追肥不宜过重。

c. 重病地块适期晚播，控制播量，做到合理密植。

d. 田边地头设置排水沟以防止麦田积水，灌溉时忌大水漫灌。及时防除杂草，改善田间生态环境。

③ 药剂防治。

a. 合理使用化学药剂拌种对小麦纹枯病起到一定的控制作用。过去多使用甲基硫菌灵、多菌灵、井冈霉素等药剂，后来发现三唑类内吸性杀菌剂效果更好。如可用三唑酮或三唑醇、烯唑醇、立克锈等药剂拌种，用量一般为种子量的0.02%～0.03%。5.5%浸种灵Ⅱ号可湿性粉剂，每100千克种子用药1克湿拌；或23%宝穗水乳剂，每100千克种子用药20克湿拌，对小麦纹枯病的防治有很好的防治效果。

b. 由于春季是病害的发生高峰期，仅靠种子处理很难控制春季病害流行，在小麦返青拔节期应根据病情发展及时进行喷雾防治。喷雾可使用23%宝穗水乳剂、15%三唑酮可湿性粉剂、12.5%的烯唑醇可湿性粉剂等，还可兼治小麦白粉病和锈病。

④ 生物防治。目前，人们正在积极探讨一些生物方法防治小麦纹枯病。从小麦植株上分离筛选出Rb2、Rb26等芽孢杆菌，室内抑苗测定及苗期盆栽试验显示对小麦纹枯病有一定的防治作用。利用丝核菌弱致病株系也有一定的控制效果。

7. 小麦条锈病的危害症状、发病规律、防治措施有哪些？

（1）小麦条锈病的危害症状 小麦条锈病主要危害叶片，也可危害叶鞘、茎秆及穗部。小麦受害后，叶片表面出现褪绿斑，以后产生黄色夏孢子堆，后期产生黑色冬孢子堆。条锈病夏孢子堆小，长椭圆形，在成株上沿叶脉排列成行，呈虚线状，幼苗期则不排列成行。小麦上 3 种锈病的症状有时容易混淆。田间诊断时，可根据"条锈成行叶锈乱，秆锈是个大红斑"加以区分。在幼苗叶片上夏孢子堆密集时，叶锈病与条锈病有时亦难以区分，但因条锈病有系统侵染，其孢子堆有多重轮生现象。

（2）小麦条锈病的发病规律 小麦条锈病菌主要以夏孢子在小麦上完成周年的侵染循环。转主寄主为小檗。其侵染循环可分为越夏、侵染秋苗、越冬及春季流行 4 个环节。小麦条锈菌在中国甘肃的陇东和陇南、青海东部、四川西北部等地夏季最热月份均温在 20 ℃以下的地区越夏。秋季越夏的菌源随气流传播到冬麦区后，遇到适宜的温湿度条件即可侵染冬麦秋苗，秋苗的发病开始多在冬小麦播后 1 个月左右。秋苗发病早迟及多少，与菌源距离和播期早晚有关，离夏菌源越近、播种越早，则发病越重。当平均气温降至 1～2 ℃时，条锈菌开始进入越冬阶段。

（3）小麦条锈病的防治措施 小麦条锈病的防治策略应种植抗锈品种为主、栽培管理和药剂防治为辅，实施分区治理的综合防治措施。

① 种植抗病品种。种植抗病品种是防治小麦条锈病最经济有效的措施。在控制小麦群体基因结构的过程中，要重视基因多样性这一抗锈关键因素，避免小麦抗锈品种抗原单一化，实施小麦不同抗锈基因品种的合理布局。另外，还可以培育和利用聚合品种（将多个抗病基因聚合在一个品种中）、多系品种（抗不同生理小种的多个品系的组合）或多抗品种（抗多个小种或兼抗其他病害的品种）。此外，要充分利用外源基因来丰富小麦的抗锈基因。

② 实行抗锈基因合理布局。在小麦条锈病的越夏区和越冬区分别种植不同抗原类型的小麦品种，可切断锈菌的周年循环，减少锈菌优势小种形成的机会，减缓小麦品种抗锈基因失效的速度；同一地区应实行抗原多样化。我国由于实施了小麦抗锈基因合理布

局，有效遏制了锈病的发展。如在江汉平原、汉中盆地和四川盆地部署绵阳系统品种，在甘肃天水地区部署天选系统和清农系统，在关中部署小偃系统，在陇东和渭北部署水源系统，在河南发展豫麦系统，在山东发展鲁麦系统，抗锈基因的这种布局基本上是不同流行区具不同抗原，对遏制条锈病的灾害势头发挥了重要作用。在品种的合理利用方面，实行多品种分区布局。另外，还要注意应用具有避病性（早熟）、慢病性、耐病性和高温抗病性等特点的品种。

③ 栽培防治。适期播种，避免早播，减轻秋苗发病，减少秋季菌源。越夏区要消灭自生麦苗，减少越夏菌源的积累和传播。在土壤缺乏磷、钾肥的地区，应增施磷、钾肥，增强植株抗病性，减少条锈病发生。合理灌溉，将病害的发生和产量损失降低到最低程度。

④ 药剂防治。在条锈病暴发流行的情况下，药剂防治是大面积控制条锈病流行的主要应急措施。药剂拌种是在小麦条锈病常发易变区控制菌量必不可少的重要手段。要推广种子包衣技术，不但可以克服由于药剂拌种技术掌握不当影响出苗的问题，也可通过种子包衣兼治多种病虫害。20 世纪 70 年代以前，用于防治条锈病的药剂主要有敌锈钠、敌锈酸、氟制剂和代森锌等。目前，可用粉锈宁、速保利等三唑类杀菌剂拌种或成株期喷雾。粉锈宁可按麦种重量的 0.03%拌种，速保利可按种子量的 0.01%拌种，持效期可达 50 天以上。成株期田间病叶率达 2%～4%时，应进行叶面喷雾，每公顷用粉锈宁 75～135 克或速保利 45～60 克，一次施药即可控制成株期危害。

8. 小麦叶锈病的危害症状、发病规律、防治措施有哪些？

（1）小麦叶锈病的危害症状　小麦叶锈病病叶主要危害小麦叶片，有时也危害叶鞘和茎。叶片受害，产生许多散乱的、不规则排列的圆形至长椭圆形的橘红色夏孢子堆，表皮破裂后，散出黄褐色夏孢子粉。夏孢子堆较秆锈菌小而比条锈病菌大，多发生在叶片正面。偶尔叶锈菌也可穿透叶片，在叶片正反两面同时形成夏孢子堆，但叶背面的孢子堆比正面的要小。后期在叶背面散生椭圆形黑色冬孢子堆。

（2）小麦叶锈病的发病规律　小麦叶锈病病菌在我国各麦区一般都可越夏，越夏后成为当地秋苗的主要侵染源。病菌可随病麦苗越冬，春季产生夏孢子，随风扩散，条件适宜时流行，叶锈菌侵入的最适温度为15～20℃。造成锈病流行的因素主要是当地越冬菌量、春季气温和降水量以及小麦品种的抗感性。

（3）小麦叶锈病的防治措施　小麦叶锈病应采取以种植抗病品种为主、栽培防病品种和药剂防治为辅的综合防治措施。

① 选育推广抗（耐）病良种。在品种选育和推广中应重视抗锈基因的多样化和品种的合理布局，防止品种单一种植。另外，要注意应用具有避病性（早熟）、慢病性和耐病性等的品种。

② 加强栽培防病措施。精耕细耙，消灭杂草和自生麦苗，控制越夏菌源；在秋苗易发生叶锈病的地区，避免过早播种，可显著减轻秋苗发病，减少越冬菌源；合理密植和适量适时追肥，避免过多过迟施用氮肥。叶锈病发生时，南方多雨麦区要开沟排水；北方干旱麦区要及时灌水，可补充因叶锈菌破坏叶面而蒸腾掉的大量水分，减轻产量损失。

③ 药剂防治。用粉锈宁拌种，控制秋苗发病，减少越冬菌源数量，推迟春季叶锈病流行。春季防治，可在抽穗前后，田间染病率达5%～10%时开始喷药。

9. 小麦全蚀病的危害症状、发病规律、防治措施有哪些？

（1）小麦全蚀病的危害症状　小麦苗期和成株期均可发病，以近成熟时病株症状最为明显。幼苗期病原菌主要侵染种子根、地下茎，使之变黑腐烂，部分次生根也受害。病苗基部叶片黄化，心叶内卷，分蘖减少，生长衰弱，严重时死亡。病苗返青推迟，矮小稀疏，根部变黑加重。拔节后茎基部1～2节叶鞘内侧和茎秆表面在潮湿条件下形成肉眼可见的黑褐色菌丝层，称为“黑脚”，这是全蚀病区别于根腐病的典型症状。重病株地上部明显矮化，发病晚的植株矮化不明显。由于茎基部发病，植株早枯形成“白穗”。田间病株成簇或点片状分布，严重时全田植株枯死。在潮湿情况下，小麦近成熟时在病株基部叶鞘内侧生有黑色颗粒状突起，即病原菌的子囊壳。但在干旱条件下，病株基部“黑脚”症状不明显，也不产生子囊壳。

（2）小麦全蚀病的发病规律　病原菌主要以菌丝体随病残体在土壤中或混杂于种子间或粪中越夏越冬，成为初侵染源。播种后，病原菌从麦苗根部、幼芽鞘等处侵入，返青后菌丝沿根扩展，侵害分蘖节和茎基部。拔节至抽穗期，造成根及茎基部变黑腐烂，病株陆续死亡，灌浆阶段出现枯白穗。连作田在一定时间内逐年加重，至发病高峰年份后，病情则逐年下降，即为“小麦全蚀病的自然衰退”现象。贫瘠尤其是缺磷的土壤，发病重；偏碱性及团粒结构好的土壤，发病重。冬麦过早播种，病原菌冬前侵染早，侵染期长，发病重；地势低洼、多雨潮湿加重病情。

（3）小麦全蚀病的防治措施　小麦全蚀病的防治应以农业措施为基础，充分利用生物、化学的防治手段达到保护无病区、控制初发病区、治理老病区的目的。

① 保护无病区。无病区严禁从病区调运种子，不用病区麦秸作包装材料外运。从病区调进种子要严格检验，播前用0.1%甲基硫菌灵浸种10分钟，杀死种子表面的病原菌。

② 合理轮作。重病区轮作倒茬可控制全蚀病危害，零星病区轮作可延缓病害扩展蔓延。轮作应因地制宜，坚持1～2年与非寄主作物轮作1次，如花生、烟草、番茄、甜菜和蓖麻等。

③ 平衡施肥。增施有机底肥，提高土壤有机质含量，每公顷施用腐熟有机肥10万吨左右。无机肥施用应注意氮、磷、钾的配比，土壤有效磷达0.06%、有机质含量1%以上，全蚀病发展缓慢；有效磷含量低于0.01%发病重。

④ 生物防治。对全蚀病衰退的麦田或即将衰退的麦田，要推行小麦两作或小麦-玉米一年两熟制，以维持土壤拮抗菌的防病作用。美国用荧光假单胞菌防治全蚀病，大田增产 30%，但效果不够稳定。中国农业科学院开发的生防菌、山东省农业科学院开发的生防菌剂“蚀敌”“消蚀灵”均有防效。

⑤ 药剂防治。用 12%三唑醇可湿性粉剂按种子重量 0.02%～0.03%拌种，防病效果均好。2.5%咯菌腈悬浮种衣剂按 1∶1 000 包衣处理，对小麦全蚀病有一定防效。

10. 小麦根腐病的危害症状、发病规律、防治措施有哪些？

(1) 小麦根腐病的危害症状　小麦根腐病可侵染幼苗、叶片、茎秆、根部、穗部和种子。幼苗受害，芽鞘和根部变褐腐烂。成株期感病，叶片或叶鞘上产生椭圆形或黑褐色不规则病斑，湿度大时病斑上产生黑色霉状物。穗部发病时，穗梗和颖片为褐色，在湿度较大时会掉穗。种子受害时，病粒胚尖呈黑色。

(2) 小麦根腐病的发病规律　小麦根腐病主要是由禾旋孢腔菌侵染所致。病原菌主要在病株残体或种子表面越冬，苗期发病的初侵染源是由土壤中带菌或种子上带菌感病。种植抗病品种发病率低，幼苗期气温过低、遇到寒流、麦苗受冻或土壤干旱、含水量过低，均可加重根腐病的危害。

(3) 小麦根腐病的防治措施　主要有以下几方面。

① 选择抗病品种。种植抗病品种可减少该病发病概率。

② 种子处理。主要采用 11%唑酮·福美双悬浮种衣剂 1.5～2.0 升种衣剂拌 100 千克种子，或用 25 克/升咯菌腈悬浮剂按药种比 1∶166 拌种，或用 62.5 克/升精甲·咯菌腈（亮盾）悬浮剂按药种比 1∶333 的比例拌种。

③ 药剂防治。在小麦始花期，选用 25%三唑酮可湿性粉剂 0.45 千克/公顷，或 250 克/升咪鲜胺乳油 1.0 升/公顷，或者 50%异菌脲可湿性粉剂 1.5 千克/公顷喷雾防治。

11. 小麦霜霉病的危害症状、发病规律、防治措施有哪些?

（1）小麦霜霉病的危害症状　小麦霜霉病的典型症状是植株黄化萎缩，剑叶和穗部畸形。苗期发生霜霉病，病株的叶色表现为淡绿色，并有轻微条纹状花叶。拔节后病株显著矮化，叶色淡绿，有较明显的黄白色条纹或斑纹，叶片变厚、皱缩扭曲，重病株常在抽穗前死亡或不抽穗。穗期症状的特点是形成各种“疯顶症”，叶面发皱并弯曲下垂，穗茎曲或弯成弓形。

（2）小麦霜霉病的发病规律　小麦霜霉病是一种真菌性病害，主要分布在长江中下游麦区以及西北、华北、西南麦区，一般年份仅在局部地区或田块零星发生。通常发病率为 10%～20%，严重发生时可高达 50%。病原菌以卵孢子在土壤内的病残体上越冬或越夏。卵孢子在水中经 5 年仍具发芽能力。一般休眠 5～6 个月后发芽，产生游动孢子，在有水或湿度大时，萌芽后从幼芽侵入，成为系统性侵染。

（3）小麦霜霉病的防治措施

① 农业防治。主要是实行与非禾谷类作物 1 年以上的轮作，雨后及时排水防止湿气滞留，促进麦株迅速生长，出现病株要及时拔除。在小麦播种出苗期一定要做到灌水不淹苗，采用洒水或速灌速排。浇水量掌握以当日渗完为宜，避免田间积水。如遇寒流、气温太低、阴天应注意暂时不浇水。提高整地和播种的质量，注意清除田间杂草，以增加土壤的排水和通气性，促进麦株迅速生长，结合采用配方施肥技术，全面均衡土壤应用，适期播种，培育壮苗，增加麦株抗旱抗病能力，减少病原菌侵染概率。

② 种子处理。播种前用甲霜灵拌种。播前每 50 千克小麦种子用 25%甲霜灵可湿性粉剂 100～150 克（有效成分为 25～37.5 克）加水 3 千克拌种，晾干后播种。

③ 药剂防治。常发病地区，可在播种后喷硫酸铜溶液、甲霜灵·锰锌、霜脲锰锌、安克·锰锌等药剂预防。

12. 小麦黄斑病的危害症状、发病规律、防治措施有哪些?

(1) 小麦黄斑病的危害症状　小麦黄斑病主要危害叶片，可单独形成黄斑，病斑初为黄褐色小斑点，后扩展为椭圆形至纺锤形大斑，大小（7～30）毫米×（1～6）毫米。病健交界不明显，病斑中央颜色较深，外围有黄晕，且具不明显的轮纹。后期病斑相互融合，致叶片变黄干枯。常与其他叶斑病混合发生，各麦区均有发生，危害严重。

(2) 小麦黄斑病的发病规律　小麦黄斑病病原菌为小麦德氏霉，属半知菌亚门，病原菌随病残体遗落在土壤或粪肥中越冬。翌年条件适宜时，子囊孢子侵染小麦，发病后病部产生分生孢子，借风雨传播进行再侵染。扬花灌浆期遇气候温暖多湿或长期连阴雨，容易发病。地势低洼、排水不良、多年连作的地块发病重。

(3) 小麦黄斑病的防治措施

① 农业防治。适时播种，合理密植，培育壮苗。施用充分腐熟的有机肥，增施磷、钾肥，增强小麦对病害的抵抗力，可减轻叶枯病发生与危害。搞好麦田排灌系统，降低田间湿度。小麦收获后及时深耕灭茬，加快土壤中病残体分解。重病田应与非寄主作物实行 3 年以上轮作。

② 种子处理。播种前用种子重量 0.15%的三唑酮可湿性粉剂，或种子重量 0.2%的 40%多·福合剂拌种，可有效预防病害的发生。

③ 化学防治。重病区在小麦分蘖前期和扬花期喷洒药剂预防，每隔 10～15 天喷雾 1 次，连续喷洒 2～3 次。药剂选用 70%甲基硫菌灵可湿性粉剂，或 50%多菌灵可湿性粉剂。发病初期及时喷药治疗，药剂选用 20%三唑酮乳油 2 000 倍液，或 15%三唑醇可湿性粉剂 2 000 倍液，或 25%敌力脱乳油 2 000 倍液喷雾，或 50%异菌脲可湿性粉剂 1 500 倍液或 50%福美双可湿性粉剂 500 倍液。每隔 7 天喷洒 1 次，视病情防治 1～2 次。

13. 小麦黄矮病的危害症状、发病规律、防治措施有哪些?

（1）小麦黄矮病的危害症状　小麦黄矮病在小麦整个生育期均可发病显症。幼苗受侵后，下部叶片首先由叶尖开始逐渐向叶缘扩展褪绿变黄，黄化部分占全叶片面积 1/3 或 1/2 左右，黄化叶片表现为金黄色或橘黄色，带有光泽、质脆油润。苗期发病一般大田冬前很难见到，越冬后植株起身拔节即可表现黄化，并有明显的矮缩现象，后期黄化症状有恢复现象。明显的大田发病期是春季感病后。小麦在拔节后期、孕穗抽穗阶段，旗叶明显黄化。不同生育阶段受侵染，症状也有差异。早春感染的，孕穗后，从上至下数第二叶先显症，然后是旗叶显病；拔节期感染的，孕穗后旗叶先显症，然后是从上至下数第二叶显症，这个阶段感病显症的，植株不矮缩。

（2）小麦黄矮病的发病规律　小麦黄矮病是由蚜虫传播的，其中以麦二叉蚜最为重要。在我国西北、华北、东北、西南及华东等冬、春麦区都有不同程度的发生。冬麦区和春麦区小麦黄矮病的发生存在差异。冬麦区小麦感染发病分为秋苗期和拔节抽穗期两个阶段。秋苗期是病害初侵染并形成发病中心；春季小麦拔节抽穗，病害再侵染并酿成流行成灾。而在春麦区，则是当年连续发病流行成灾。因该病原菌随传毒麦蚜的扩散传播而发病，所以，其周年侵染循环与介体麦蚜的生活史循环紧密相连。

冬小麦的发病程度与播种时期、向阳程度、降水量以及管理情况紧密相连。一般播种时期早、向阳程度高、降水量少以及管理粗放等都可造成小麦黄矮病的大发生。此外，发病程度还受蚜虫虫口密度的影响。适于麦蚜大量繁殖的温度，也是传毒的有利温度，因为其潜育期较短。在冬小麦种植区，小麦黄矮病毒传播的主要时期为早春麦蚜的扩散期。温度为 16～20 ℃时，病毒的潜育期为 15～20 天。随着温度的降低，潜育期也逐渐变长。高于 25 ℃时则逐渐隐症，30 ℃以上时症状一般不会显现。此外，麦蚜以及小麦黄矮病发生程度还受上一年10月平均气温和降水量以及当年1、2月的平均气温的影响。温度和降水量对麦蚜特别是麦二叉蚜的发生早晚和数量影响较重，而对黄矮病发生早晚和程度可产生间接影响。如果上一年10月的平均气温高，降水量小，且当年1、2月的平均气温高，则有利于麦蚜的取食繁殖、传播病毒、安全越冬及早春提前活动等，进而可造成麦蚜和小麦黄矮病的大面积发生与流行。若小麦拔节孕穗期的气温较低，则会使其抗性降低进而造成黄矮病的发生。此外，小麦黄矮病毒病发生流行还受毒源基数多少的影响，若自生麦苗等病毒寄主量较大、麦蚜虫口密度大就会导致小麦黄矮病大流行。

（3）小麦黄矮病的防治措施 小麦黄矮病的防治应采用以鉴定、选育和推广抗、耐病丰产良种为主，同时结合农业防治和药剂防治的综合防治措施。应改进栽培技术切断蚜虫食物链和越冬毒源，防治蚜虫控制病害传播蔓延。防治措施主要包括农业防治、化学防治。

① 农业防治。

a. 选择肥沃田块、增施钾肥、叶面追肥、田间杂草和病虫害防治，从而提高小麦本身的抗病性。

b. 减少小麦黄矮病寄主及传毒介体蚜虫，切断蚜虫的食物链，调整玉米、糜子、高粱、粟及冬春小麦混种区冬小麦的种植面积，清除田间自生麦苗、杂草寄主及蚜虫杂草寄主等，进而减轻毒源蔓延；另外，国外也有用瓢虫、日光蜂等蚜虫天敌控制蚜虫流行的成功案例。

c. 避开蚜虫转移危害高峰时期，适期晚播冬小麦，相对早播春小麦，播种期的调整要适宜。

d. 通过灭茬深耕、越冬期冬灌或耱碾、地膜覆盖等措施减少蚜虫越冬卵，降低蚜虫越冬基数。

e. 因地制宜间作套种（如麦套种棉、套种豌豆等），创造有利于天敌繁衍而不利于麦蚜发生的农田生态条件。

② 化学防治。小麦黄矮病只能由蚜虫传播，因而控制蚜虫，就能减轻发病。具体措施有药剂处理种子及田间和虫源植物上喷药治蚜。

a. 药剂拌种。每 50 千克种子用 600 毫升水稀释 100 毫升 60%吡虫啉悬浮剂与 20 毫升 43%戊唑醇悬浮剂的混合物，然后均匀拌种，晾干后播种，用药量为 225 千克/公顷可有效减少蚜虫越冬基数，并控制小麦黄矮病的传播。

b. 田间喷药治蚜防病。在秋春季，当有蚜株率达到 5%以上时，每公顷用 10%吡虫·灭多威可湿性粉剂 120 克，或 10%吡虫啉可湿性粉剂 1.5 千克，或 25%吡虫啉可湿性粉剂 750 克，兑水 750 千克喷雾防治；或用 10%蚜虱净可湿性粉剂 3 000 倍液喷雾，或采用高效菊酯类药剂均可有效降低蚜量，控制病害的发生。

c. 病后管理与防治。对已发病田块，应加强肥水管理，提高小麦抗性，或喷施病毒抑制剂，能有效减少损失。常用的药剂有宁南霉素、病毒必克、菌毒清和植病灵等。

14. 小麦黑粉病的危害症状、发病规律、防治措施有哪些？

（1）小麦黑粉病的危害症状 病菌侵染小麦幼芽，达到生长点以后就能随着小麦的生长，危害小麦整个植株，包括茎、叶和穗等。病株分蘖增多，发病初期可在叶片和叶鞘上发现与叶脉平行的浅灰色、条纹状隆起，叶片不舒展。到小麦拔节至孕穗期症状逐渐明显，植株明显矮化和严重扭曲，隆起部分变黑，破裂，散出黑色孢子。多数病株不能抽穗，有时抽出扭曲、畸形或卷曲在叶鞘内，或抽出畸形穗。病株分蘖多，有时无效分蘖可达百余个。小麦感染黑粉病后一般减产 10%～20%，重者可达 70%，甚至绝收。另外，误食带菌小麦还可造成人畜中毒。

（2）小麦黑粉病的发病规律 小麦黑粉病是由担子菌亚门小麦黑粉菌引起真菌性病害，病原菌以冬孢子团散落在土壤中或以冬孢子黏附在种子表面及肥料中越冬或越夏，成为该病初侵染源。随病株残体在土壤、粪肥中越冬，也可以随小麦种子、土壤和粪肥做远距离传播。黑粉病菌在收割和秸秆还田过程中散落到土中，可存活 3～5 年。小麦播种后，病原菌从幼苗芽鞘侵入，随小麦生长扩展到小麦茎秆、叶鞘、叶片和穗部发病。小麦芽鞘在1～2毫米时最易被侵入，种子从发芽到出土的时间越长，受病原菌侵染的机会越多，发病越重。

该病发生与小麦发芽期的土壤温度有关，土壤温度9～26℃均可侵染，但以20℃左右最为适宜。此外，发病与否和发病率的高低，均与土壤含水量有关。一般干燥地块较潮湿地块发病重。我国西北地区10月播种的小麦发病率高。品种间抗病性差异明显。

（3）小麦黑粉病的防治措施

① 实行轮作。由于病菌孢子能耐受不良环境，在干燥的土壤中能存活3～5年，这就要求小麦和玉米、豆类轮作，特别是针对重病田块。如果改种水稻，1年就能根除。

② 农业防治。由于病原菌只能侵染没有出土的小麦幼芽，属局部侵染，时间有限。因此，精细整地、适当浅播、足墒播种和适时下种等促进小麦快出苗、出齐苗的措施都有防病作用。不同小麦品种对小麦黑粉病的抗性相差很大，可以选用抗病品种。

③ 药剂拌种。提倡使用无病种子和实行拌种或种子包衣。常年发病较重地区，每亩可选用2%戊唑醇悬浮种衣剂10～15克，或25%腈菌唑乳油40～60毫升、3%苯醚甲环唑悬浮种衣剂20～40毫升、12.5%烯唑醇可湿性粉剂10～15克，兑水700毫升，拌种10千克。也可选用50%多菌灵可湿性粉剂200克，或20%萎锈灵乳油500毫升、50%甲基硫菌灵可湿性粉剂200克、15%三唑酮可湿性粉剂120～200克、12.5%烯唑醇可湿性粉剂160～320克，兑水4升，拌种100千克，都有较好的防治效果。

（二）虫害

15. 小麦蚜虫的发生规律、减产幅度、防治措施有哪些？

（1）小麦蚜虫的发生规律　小麦蚜虫的发生规律与小麦不同生

育期密切相关。冬前小麦出苗以后，不同种类的小麦蚜虫便开始从夏寄主迁入到麦田定居、繁殖，危害小麦并传播病毒；小麦苗期由于营养单一加之温度较低，不适应小麦蚜虫的生长繁殖，小麦蚜虫数量较小，危害相对较轻；翌年小麦返青以后，随着气温升高及寄主营养条件的不断改善，小麦蚜虫种群数量及密度就会逐渐增加；小麦抽穗期至扬花期，田间小麦蚜虫数量激增；小麦乳熟期蚜虫会获取大量的糖类，进行大量繁殖，此时小麦蚜虫达到发生高峰；小麦进入蜡熟初期之后，由于小麦组织老化，营养匮乏，加之气温上升较快、温度相对较高，小麦蚜虫生存环境进一步恶化，于是便会产生大量有翅蚜并开始迁出麦田，此时小麦蚜虫数量会骤然下降。

（2）小麦蚜虫导致的减产幅度 春季随气温升高，蚜虫迅速繁殖扩散，常年抽穗期平均百株虫口可达 1 000 头以上，灌浆期部分田块出现叶片油腻、叶色发暗，影响光合作用，产量损失率达10%以上。20 世纪 90 年代至今，随着耕作灌溉条件改善，新品种引进，种植密度加大，蚜虫抗药性增强，所以麦蚜的危害日趋严重。每年苗期蚜虫的危害使叶片上出现大量黄色斑点，降低光合效能，影响正常生育进程；穗期蚜虫以危害上部叶片和麦穗为主，使小麦籽粒秕瘦，对产量影响最大。严重发生田块，灌浆期百株虫口达 20 000 头以上，损失小麦产量 5%～10%。

（3）小麦蚜虫的防治措施

① 农业防治。

a. 合理轮作。鼓励农民将小麦与油菜、棉花等作物进行轮作，改变麦田环境，创造对麦蚜不利的条件，抑制危害；同时开展浅耕灭茬和深翻土壤，小麦收割后立即用圆盘耙或旋耕机进行浅耕灭茬。

b. 适期播种。小麦适当晚播，既防止冬旺，又可避过麦蚜迁入高峰期，也可减轻地下害虫的危害。

c. 选育抗、耐病品种。我国早就开始了小麦种质资源对麦蚜抗性筛选鉴定工作。李素娟等筛选鉴定出了分别对禾缢管蚜和麦长管蚜高抗或近似免疫的种质材料各 3～5 个，并建立了一套比较完善的抗蚜鉴定技术程序。

② 化学防治。37.25%戊唑醇·吡虫啉悬浮种衣剂对小麦蚜虫防效良好，有研究表明，在小麦拔节期对蚜虫的最高防效可达 90.8%，最低防效为 85.4%；在小麦孕穗期最高防效可达 86.3%，最低防效为 80.46%；在小麦抽穗期最高防效可达 84.3%，最低防效为 79.4%。药剂拌种对小麦蚜虫具有较好的防治效果，但持效性较差。小麦开花初期施药，能够较好地控制小麦蚜虫的危害。

③ 生物防治。麦蚜的天敌昆虫很多，如瓢虫、食蚜蝇、草蛉、蚜茧蜂和蜘蛛类等，种类多、数量大，对麦蚜种群的控制作用显著。施用 10%吡虫啉可湿性粉剂能较好地保护天敌。近年来，中国农业科学院利用赤眼蜂蛹饲养草蛉、瓢虫、东亚小花蝽等，这些研究为天敌昆虫的商品化生产提供了技术支持。刘爱芝等就七星瓢虫对两种麦蚜的控制作用进行了模拟研究，其模型可用来预测田间蚜虫的变化，指导麦田蚜虫防治。

16. 小麦二点委夜蛾的危害特征、发生规律、防治措施有哪些？

(1) 小麦二点委夜蛾的危害特征 二点委夜蛾主要以幼虫危害，具有转株危害的习性，一般 1 头幼虫可以危害多株玉米苗，幼虫在田间有聚集性，但分布不均，而且龄期不一致，幼虫危害玉米幼苗，钻蛀咬食玉米苗茎基部，形成圆形或椭圆形孔洞，造成玉米幼苗心叶枯死和地上部萎蔫。此外还咬断根部，当一侧的部分根被吃掉后，玉米苗开始倒伏，但不萎蔫。一般顺垄危害，发生严重的会造成局部大面积缺苗断垄，甚至绝收毁种。由于玉米生长期较短，苗期受害后补偿能力很小，玉米苗期百株虫量 20 头以上即可造成玉米缺苗断垄，甚至毁种。该害虫具有来势猛、短时间暴发、扩散范围广、隐蔽性强、发生量大和危害重等特点，若不及时防治，对玉米生产影响很大。二点委夜蛾幼虫畏光，昼伏夜出，白天躲藏在麦秸等覆盖物下，幼虫喜欢温暖潮湿的环境，不适应干燥的环境，不能长时间暴露在阳光下。幼虫受到惊扰时，有假死性，呈C形。

（2）小麦二点委夜蛾的发生规律　二点委夜蛾在黄淮海地区一年发生4代，主要以老熟幼虫做茧越冬，少数未作茧的老熟幼虫及蛹也可以越冬。翌年3月陆续化蛹。一般在4月下旬至5月上旬成虫羽化，持续时间较长。小麦的返青并封垄，为越冬代成虫和第1代幼虫提供了适宜的生存环境。使其可在小麦田大量繁殖。5月底至6月上中旬为第1代成虫盛发期，刚好与小麦收获期相遇，黄淮海玉米主产区主要采用麦套玉米和秸秆还田的耕作模式，大量的秸秆还田，再次为第1代成虫和第2代幼虫提供了极佳的庇护所。

（3）小麦二点委夜蛾的防治措施

① 农业防治。在发生地块，及时清除小麦苗周围的麦秸、杂草等覆盖物，清除有利二点委夜蛾发生的环境。在播种前，可用旋耕犁将秸秆打碎翻耕入土中，减少土表的秸秆残留量。

② 物理防治。

a. 杀虫灯诱杀。李立涛等对二点委夜蛾成虫的夜间活动情况及不同杀虫灯管的田间诱捕效果进行了研究，研究表明，二点委夜蛾成虫在傍晚天黑后飞翔活跃，至23：00田间诱蛾量超过全天的70%。佳多频振式杀虫PS-15Ⅱ杀虫灯对二点委夜蛾有良好的诱捕效果。

b. 杨树枝把诱杀。二点委夜蛾对萎蔫的杨树枝有较强趋性。可将杨树枝条晾干萎蔫后捆扎成束，每隔一段距离在玉米田放置一束。杨树枝把每周更换1次，以保持诱蛾效果。每天日出之前检查成虫，并集中杀死，这样可以取得较好的防治效果。

③ 生物防治。

a. 昆虫病原细菌与真菌。张海剑等用球孢白僵菌对二点委夜蛾的影响作了研究。球孢白僵菌是一种致病性强、寄主范围广、适应广的昆虫病原真菌，可侵染15目149科的700余种昆虫，被认为是最具开发潜力和应用价值的虫生真菌之一。球孢白僵菌具有寄主范围广、不污染环境、无公害和易培养等优点，因而在生物防治中日益受到科技工作者的关注。研究证明，球孢白僵菌对二点委夜蛾具有较好的防治效果。

b. 天敌昆虫。马继芳对二点委夜蛾的天敌昆虫进行了调查，主要有寄生蜂、步甲和蚂蚁。寄生蜂是侧沟茧蜂，多寄生二点委夜蛾 3～4 龄幼虫，每头幼虫可被 5～6 头小茧蜂寄生，有的高达 10 头以上，小茧蜂幼虫老熟以后从寄主体内钻出聚集作茧化蛹，茧呈椭圆形，灰白色，长度 3～4 毫米，宽度约 1.2 毫米。被寄生后的幼虫虽能老熟结茧，但始终不能化蛹，最后被小茧蜂取食。寄生率为 1.5%～5%。田间常见有黄斑青步甲活动，能捕食二点委夜蛾幼虫。该步甲的生活环境与二点委夜蛾十分相似，两者都喜欢阴暗潮湿的场所，如麦茬覆盖的玉米地。根据室内试验观察，该步甲 1 天可捕食 3 头以上中、大龄二点委夜蛾幼虫。

④ 性外激素诱杀。性外激素的防治机理是诱捕与干扰，使害虫丧失交尾繁殖的机会。利用性外激素进行害虫的监测和防治，具有专一性强、简便易行、灵敏有效、不污染环境、不杀伤自然天敌和可持续性强等优点，广泛用作害虫预测预报和防治，已成为一种重要新型技术。有研究证明，口径为 35 厘米的绿色诱盆对二点委夜蛾诱捕效果较好，同时在高出作物 20～30 厘米位置的诱捕器诱蛾量较大。

⑤ 化学防治。

a. 撒毒饵。用炒香的麦麸或粉碎后炒香的棉籽饼 60～75 千克/公顷，与兑少量水的 90%敌百虫可溶粉剂，或 48%毒死蜱乳油 7.5 千克/公顷拌成毒饵，于傍晚顺垄撒在玉米苗边。

b. 毒土。用 80%敌敌畏乳油 4.5～7.5 升/公顷拌细土 375 千克，于早晨顺垄撒在玉米苗边，防效较好。

c. 灌根。用 40%甲基异柳磷乳油 300 倍液灌根防治二点委夜蛾幼虫。化学防治在一定条件下，可短期内快速消灭害虫，压低虫口密度，但是长期使用易产生药害，尤其长期施用一种药物能使害虫产生抗药性，污染环境，杀伤天敌。因此，要尽量选用高效、低毒、低残留和对天敌杀伤力小的农药，减少对环境的污染，保护天敌，达到持续控制虫害的效果。

17. 小麦吸浆虫的发生规律、防治措施有哪些?

（1）小麦吸浆虫的发生规律　小麦吸浆虫一般一年发生 1 代或多年发生 1 代，视温度和自然条件而定。遇到不良环境，幼虫可在土壤中休眠 10 多年，条件适宜时再结束休眠继续化蛹羽化繁殖。小麦吸浆虫以老熟幼虫在土壤中结圆茧越夏、越冬。吸浆虫对地温变化表现明显，春季小麦返青后，幼虫在 10 厘米地温达到 10 ℃左右时就不再休眠，移动到土表完成化蛹；地温达到 15 ℃左右时幼虫会做长茧化蛹，10 天左右完成蛹期阶段；地温上升到 20 ℃左右时，蛹开始羽化为成虫，当天即可完成交配并在麦穗上产卵，此时麦穗尚未扬花。经过 4 天左右完成孵化期，然后幼虫钻入麦粒中吸食汁液。幼虫期 20 天左右，正好是小麦乳熟至成熟期。5 月底，幼虫在雨天或潮湿时从麦穗中爬出，弹落地面，钻入土中结圆茧开始越夏。次年小麦返青后，又上升到土表层化蛹，可周而复始多年发生。

（2）小麦吸浆虫的防治措施

① 农业防治。主要是选用抗虫品种，合理调整作物布局，可以与棉花、油菜等作物轮作种植。对于已经种植的不再抗虫的品种，要实行科学灌溉制度。可适当推迟“春一水”的管理，壮大蘖去小蘖，促进小麦整齐生长，生育期一致，可以有效地提高抗病、抗虫能力。研究发现，受灾严重的地块大都与生育期不一致、幼虫发生与抽穗期吻合有关。

② 化学防治。在农业防治没有取得显著效果后，农户还可以进行化学防治进一步降低吸浆虫的危害。重点掌握 3 个时期即播种期、孕穗期（蛹期）和抽穗期（成虫期）的防治。

a. 播种期防治。对于多年或者已经发生危害的地块，可在播种前采取整地撒毒土的方法进行预防。整地时亩用 50%辛硫磷乳油 200 毫升，加水 5 千克拌匀制成毒土施用，边撒边耕，翻入土中，可有效杀灭土壤中休眠的吸浆虫，同时兼治地下害虫。

b. 孕穗期防治。小麦孕穗期一般是吸浆虫蛹盛期，一般在 4 月下旬。一定要及时将毒土顺麦垄撒施，并尽可能使其落入地表，可采用与播种期土壤处理相同的药剂（辛硫磷、毒死蜱均可）。施药后如无雨应适当浇小水，以杀灭吸浆虫蛹和即将羽化的成虫。

c. 穗期防治。在蛹期防治以后，5 月初的成虫期防治是保证当年小麦丰收、控制小麦吸浆虫危害的最后一道防线。农户在实际操作时可在麦田抽穗前集中喷药 1 次，然后在麦田抽穗达到 50%时再喷 1 次。施药时间可选在 18:00 左右，可选用高效氯氰菊酯或辛硫磷等高效低毒农药。抽穗扬花时每亩可用 80%敌敌畏乳油 100～150毫升混合多菌灵兑水喷雾，此法可杀灭在麦垄间飞翔的成虫与穗内的幼虫，同时兼治穗蚜和赤霉病。

18. 小麦叶蜂的发生规律、防治措施有哪些？

（1）小麦叶蜂的发生规律　小麦叶蜂一年发生 1 代，以蛹在土中 20～25 厘米深处越冬。夜间潜伏在麦苗基部或浅土中，白天活动，有假死性。雌虫羽化数小时即可交尾、产卵。产卵的选择性较，一般产在刚展开的新叶背面中脉附近的组织内，少数产在叶片正面与叶尖。田间成虫初见期为 2 月上旬，飞翔力弱，多爬行于麦苗上，盛见期 2 月下旬至 3 月下旬，终见于 4 月上旬。4 月上旬至 5 月初，幼虫发生危害，1～2 龄幼虫终日在麦株上，3 龄后，白天潜伏在麦根附近土块下或麦丛中，黄昏转小麦上部危害。主要危害小麦叶片，大部分集中在穗部危害。成虫寿命在平均气温 8.4 ℃的变温条件下，雌虫为 15.6 天，雄虫 12.2 天。

（2）小麦叶蜂的防治措施

① 农业防治。有条件地区实行水旱轮作，可减轻危害。小麦播种前深耕细耙，破坏小麦叶蜂化蛹越冬场所，或将休眠蛹翻至土表机械杀死或冻死。

② 化学防治。防治适期掌握在3龄前，用10%赛波凯30～40毫升/亩，或用50%辛硫磷乳油1 500倍液喷雾，或用30%螟铃速杀1 000～2 000倍液喷雾。

19. 小麦管蓟马的发生规律、防治措施有哪些?

（1）小麦管蓟马的发生规律　小麦管蓟马一年发生1代。以若虫在麦茬、麦根、麦场等处土中约10厘米深处越冬，1～5厘米表层虫口密度最大，深的可达15厘米以上。小麦管蓟马越冬及各虫态发育进度、活动规律，与当年的平均气温有关，相对湿度对其影响较小。成虫羽化后，相继飞至麦丛上，首先集中在上部叶片内侧、叶、叶舌、叶面处活动取食。小麦孕穗吐芒期，成虫经旗叶、叶鞘顶部孔或叶鞘裂缝潜入未抽出的麦穗危害，特别是5月底至6月初小麦孕穗末期，外包叶裂开（破肚时），大量成虫入侵麦穗隐蔽危害。因此，小麦孕穗始期、未破肚前是化学防治小麦管蓟马的第一个关键时期。成虫羽化后7～10天开始产卵，卵很小、散生，大都呈不规则块状，被胶质黏固。卵块的着生部位较固定，只在小穗基部和左右两护颖的尖端内侧。小麦开花期，卵大量孵化为若虫，灌浆期是若虫出现在麦穗中危害的高峰期。初孵若虫并不马上钻入颖壳内，而是在穗上活动3～5天而后转入颖壳内危害。因此，小麦开花期，若虫未钻入麦穗前是化学防治小麦管蓟马的第二个关键时期。

（2）小麦管蓟马的防治措施

① 农业防治。

a. 选用早熟品种，春麦适当早播，以错过迁移危害高峰、减轻危害。

b. 实行轮作倒茬，合理布局，新、老麦地远离可减轻危害。

c. 麦收后先浅耕灭茬再深耕，通过破坏小麦管蓟马越夏越冬场所的生态环境条件，降低虫口基数、减轻来年危害。

② 化学防治。

a. 5%西维因粉剂1.5～2.5千克/亩。

b. 15%杀虫畏乳油 200 倍液。

c. 90%敌百虫可溶粉剂、80%敌敌畏乳油 1 000 倍液。

d. 40%乐果乳剂 1 500 倍液。

e. 50%马拉松乳油 2 000 倍液。

f. 敌敌畏烟剂。

20. 小麦黏虫的发生规律、防治措施有哪些?

(1) 小麦黏虫的发生规律　年发生世代数全国各地不一，东北、内蒙古一年发生 2～3 代，华北中南部一年发生 3～4 代，淮河流域一年发生 4～5 代，长江流域一年发生 5～6 代，华南一年发生 6～8 代。海拔 1 000 米左右的高原一年发生 3 代，海拔 2 000 米左右的高原则发生 2 代，各省份由于地势不同，世代数亦有一些变化。越冬及虫源黏虫属迁飞性害虫，其越冬分界线在北纬 33°一带，在 33°以北地区任何虫态均不能越冬。在江西、浙江一带，以幼虫和蛹在稻桩、田埂杂草、绿肥田、麦田表土下等处越冬。在广东、福建南部一带，终年繁殖，无越冬现象。北方春季出现的大量成虫系由南方迁飞所致。

气候因素对黏虫的发生量和发生期影响很大，其中温度和湿度尤为明显。春夏向北迁飞扩散时，主要受气流冷暖交锋的影响而造成黏虫的危害程度不同。总的来说，黏虫不耐 0 ℃以下的低温和 35 ℃以上的高温，各虫态适宜的温度为 10～25 ℃，相对湿度 85%以上。黏虫是一种喜好潮湿而怕高温和干旱的害虫，高温低湿不利于成虫产卵、发育。但雨水多，湿度过大，也可控制黏虫发生。凡密植、多雨、灌溉条件好、生长茂盛的水稻、小麦、谷子，或荒草多的玉米地和高粱地，黏虫发生量多。小麦、玉米套种，有利于黏虫转移危害，黏虫发生较重。

(2) 小麦黏虫的防治措施

① 农业防治。

a. 冬季和早春结合积肥，彻底铲除田埂、田边、沟边、塘边、地边的杂草，消灭部分在杂草中越冬的黏虫，减少虫源。

b. 合理用肥，施足基肥，及时追肥，避免偏施氮肥，防止贪青迟熟。

c. 科学灌水，浅水勤灌，避免深水漫灌、长期积水，适时晒田，可起到抑制黏虫危害、增加产量的作用。

② 物理防治。

a. 采用多佳频振式杀虫灯或黑光灯诱杀成虫。

b. 根据成虫产卵喜产于枯黄老叶的特性，在田间每公顷设置150把草把，草把可稍大，适当高出作物，5天左右换草把1次，并集中烧毁，即可灭杀虫卵。

③ 化学防治。

a. 根据黏虫成虫具有嗜食花蜜、糖类及甜酸气味的发酵水浆等特性，采用毒液诱杀成虫，其药液配比为糖∶酒∶醋∶水＝1∶1∶3∶10，加总量10%的杀虫丹，可以作盆诱或把毒液喷在草把上诱集成虫。

b. 用20%速毙750毫升/公顷或24%百虫光600～900毫升/公顷，兑水600～900千克/公顷，进行均匀喷雾。

21. 小麦麦长腿蜘蛛的发生规律、防治措施有哪些？

（1）小麦麦长腿蜘蛛的发生规律 麦长腿蜘蛛成虫体长0.62～0.85毫米、宽约0.2毫米，体纺锤形，两端较尖，呈紫红色至褐绿色。

麦长腿蜘蛛每年发生3～4代，完成1个世代需24～46天，平均32天。其以成虫和卵在植株根际和土缝中越冬，翌年2月中旬成虫开始活动，越冬卵孵化，3月中下旬虫口密度迅速增大，危害加重，5月中下旬麦株黄熟后，成虫数量急剧下降，以卵越夏。10月上中旬，越夏卵陆续孵化，在小麦幼苗上繁殖危害，12月以后若虫减少，越冬卵增多，以卵或成虫越冬。

麦长腿蜘蛛喜温暖、干燥，最适温度为15～20℃，最适湿度为50%以下，因此，多分布在平原、丘陵和山区麦田，一般春旱少雨年份活动猖獗。每天日出后移至叶片危害，以9:00～16:00

较多，其中又以15:00～16:00数量最大，20:00以后退至麦株基部潜伏。对大气湿度较为敏感，遇小雨或露水大时即停止活动。

麦长腿蜘蛛进行孤雌生殖，有群集性和假死性，均靠爬行和风力扩大蔓延危害，所以在田间常呈现出从田边或田中央先点片发生、再蔓延到全田发生的特点。成虫、若虫均可危害小麦，以刺吸式口器吸食叶汁，先危害小麦下部叶片，而后逐渐向中、上部蔓延。受害叶上最初出现黄白色斑点，以后随红蜘蛛数量增多，叶片出现红色斑块，受害叶片局部甚至全部卷缩，变黄色或红褐色，麦株生育不良，植株矮小，穗小粒轻，结实率降低、产量下降，严重时整株干枯。

（2）小麦麦长腿蜘蛛的防治措施

① 农业防治。

a. 灌水灭虫。在麦长腿蜘蛛潜伏期灌水，可使虫体被泥水黏于地表而死。灌水前先扫动麦株，使麦长腿蜘蛛假死落地，随即放水，效果更好。

b. 精细整地。早春中耕，能杀死大量虫体；麦收后浅耕灭茬，秋收后及早深耕，因地制宜进行轮作倒茬，可有效消灭越夏卵及成虫，减少虫源。

c. 加强田间管理。一要施足底肥，保证苗齐苗壮，并要增加磷钾肥的施入量，保证后期不脱肥，增强小麦自身抗病虫害能力。二要及时进行田间除草，对化学除草效果不好的地块，要及时采取人工除草办法，将杂草铲除干净，可有效减轻其危害。实践证明，一般田间不干旱、杂草少和小麦长势良好的麦田，麦长腿蜘蛛很难发生。

② 化学防治。小麦起身拔节期于中午喷药，小麦抽穗后气温较高，10:00 以前和 16:00 以后喷药效果最好。可用人工背负式喷雾器兑水 50～75 千克，药剂喷雾要求均匀周到、匀速进行。如用拖拉机带车载式喷雾器作业，要用二挡匀速进行喷雾，以保证叶背面及正面都能喷到药剂。防治麦长腿蜘蛛最佳药剂为 1.8%虫螨克 5 000～6 000 倍液，防治效果在 90%以上，其次是 15%哒螨灵乳油 2 000～3 000 倍液、1.8%阿维菌素 3 000 倍液、20%扫螨净可湿性粉剂 3 000～4 000 倍液、20%绿保素（螨虫素＋辛硫磷）乳油 3 000～4 000 倍液，防治效果在 80%以上。

22. 小麦地老虎的发生规律、防治措施有哪些？

（1）小麦地老虎的发生规律　4 月气温回升，越冬幼虫开始活动，在表土层下 3 厘米处化蛹，4 月下旬至 5 月上旬为成虫高峰期，也是黑光灯诱蛾最多的时期。幼虫共 6 龄，3 龄以后食量暴增，第 1 代幼虫出现于 5 月下旬至 6 月下旬，第 2 代幼虫出现于 7 月中旬至 8 月中旬。成虫昼伏夜出，白天潜伏在土缝或杂草等隐蔽处，夜晚出来活动，有较强的趋光性和趋化性。1～2 龄幼虫对光不敏感，昼夜取食危害，3 龄以后从接近地面的茎部蛀孔危害，造成枯心苗。3 龄以后幼虫开始扩散，白天潜伏在受害作物或杂草根部附近土层中，夜晚出来危害。

（2）小麦地老虎的防治措施

① 除草灭虫。早春及时铲除田边和田间杂草，并运出田间处理，消灭部分虫卵。

② 诱杀成虫。春季用糖 6 份、醋 3 份、酒 1 份、水 10 份、加 90%敌百虫可湿性粉剂 1 份调制成糖酒醋液，放入盆内，用竹竿支架置于田间 1.5 米的高度，每亩放 2～3 盆。

也可用糖酒醋液加硫酸烟碱或用苦楝发酵液诱杀 3 种地老虎成虫。还可用黑光灯诱杀小地老虎和大地老虎成虫。

③ 捕捉幼虫。对高龄幼虫，可于每天早晨到田间扒开新受害植株周围表土，捕杀幼虫。或利用幼虫喜欢在泡桐叶下潜伏的习性，于傍晚在地面每平方米左右放置泡桐叶，清晨翻叶捕杀幼虫，坚持 10～15 天。

④ 药剂防治。在 2～3 龄幼虫盛期，每亩用 48%乐斯本乳油 40～50 毫升等，兑水进行土壤喷雾或灌根。

23. 小麦蝼蛄的发生规律、防治措施有哪些?

（1）小麦蝼蛄的发生规律 蝼蛄属直翅目蝼蛄科，又名拉拉蛄、土狗子等。我国常见的是华北蝼蛄和非洲蝼蛄两种，另外还有台湾蝼蛄和普通蝼蛄。蝼蛄是一种杂食性害虫，在春季危害作物种子，咬食幼果、嫩茎，造成缺苗断垄。根茎被害部成乱麻状。蝼蛄生活史比较长，华北蝼蛄在河南需 3 年完成 1 代，非洲蝼蛄需 2 年。均以成、若虫在 50～70 厘米深的土中越冬，翌春活动危害。5～7月成虫交尾产卵。卵集中产于地下 10～40 厘米的卵室内。成虫产卵期 30～120 天，每一头雌虫一生可产卵 100～300 粒，最多可产 500 余粒。卵期 15～25 天。蝼蛄的活动受气温的影响呈现季节性变化，11～12 月为冬季休眠阶段，3～4 月为春季苏醒阶段，4 月中旬至 6 月中旬出窝迁移危害猖獗阶段，6 月下旬至 8 月下旬为越夏产卵阶段，9 月上旬至 11 月上旬是秋季再危害高峰。土壤湿度对蝼蛄的活动也有影响，土壤干旱活动就差，一般 10～20 厘米表土湿度在 18%～27%时活动最盛。

（2）小麦蝼蛄的防治措施

① 毒饵诱杀。把 100 千克麦麸或磨碎的豆饼炒香后，用 90%敌百虫可溶性粉剂 1 千克，加水 30 千克，拌匀，稍闷片刻即成毒饵。按每亩用毒饵 2～3 千克施于地表，如先浇灌后撒毒饵，效果更好，也可兼治其他地下害虫。

② 药剂处理土壤。在蝼蛄及其他地下害虫发生量大的田块或

年份，亩用40%辛硫磷或甲基异柳磷乳油200～250克，结合浇水，施入土中，防效良好。

③ 灯光诱杀。利用黑光灯、电灯或堆火，在天气闷热或将要下雨的夜晚设置，以晚上20:00～22:00诱杀效果最好。

④ 春秋季深耕细耙，跟犁拾虫，不仅直接杀死蝼蛄，而且破坏其洞穴、消灭卵及低龄幼虫。不施用未腐熟的有机肥，减少对蝼蛄的引诱，以免集中危害。

24. 小麦沟金针虫的发生规律、防治措施有哪些？

（1）小麦沟金针虫的发生规律　成虫深栗褐色，扁平，密生金黄色细毛，体中部最宽，前后两端较狭。卵乳白色，近似椭圆形。幼虫黄褐色，体形扁平，较宽，背面中央有明显的纵沟，尾节粗短，深褐色无斑纹。蛹细长，乳白色，近似长纺锤形。三年1代，以成虫和幼虫在土壤深20～80厘米处越冬。翌年3月开始活动，4月为活动盛期。4月中旬至6月上旬为产卵期，幼虫期很长，直到第3年。

（2）小麦沟金针虫的防治措施　根据金针虫的发生规律及田间管理特点，在农业防治的基础上，采用化学防治，采取播种期防治和生长期防治相结合，成虫防治与幼虫防治相结合，人工诱杀与药剂治虫相结合的措施，可起到标本兼治的效果。

① 农业防治。

a. 搞好中耕除草，精耕细作，深翻地，促使病残体分解，减少病原和虫源。

b. 选用抗病、抗虫的品种，选用无病、包衣的种子。

c. 开好排水沟，达到雨停无积水。大雨过后及时清理沟系，防止湿气滞留，降低田间湿度。

d. 在播种前，撒施杀虫的药土。

e. 合理密植，增加田间通风透光度。

② 化学防治。

a. 用50%辛硫磷乳剂1∶100倍液或48%乐斯本（用药量为种子量的0.3%）拌种。

b. 用50%辛硫磷乳剂3 000～3 750克/公顷、20%吡虫啉乳油3 000～3 750克/公顷，或5%乐斯本颗粒剂30～45千克/公顷、50%辛硫磷粉剂37.5～45.0千克/公顷，拌细土375千克/公顷播前撒施耘地或顺垄条施。

c. 毒饵诱杀。用豆饼碎渣、麦麸等，拌90%敌百虫可溶粉剂1份，制成毒饵，具体用量为15～25千克/公顷。

25. 小麦麦圆蜘蛛的发生规律、防治措施有哪些？

（1）小麦麦圆蜘蛛的发生规律　麦圆蜘蛛一年发生2～3代，即春季繁殖1代，秋季1～2代，完成1个世代46～80天，以成虫或卵及若虫越冬，冬季几乎不休眠，耐寒力强。麦圆蜘蛛生长发育适温8～15 ℃，相对湿度高于70%，气温超过20 ℃时水浇地易发生成虫大量死亡。麦圆蜘蛛一般在翌春2、3月越冬螨陆续孵化危害，每日早晚活动最盛，遇雨或大风则蛰伏在麦株下部或土面上不动，有群集性，遇震动即下坠爬行成虫在麦茬或土块上产卵，10月越夏卵孵化，危害秋播麦苗，多行孤雌生殖，每雌产卵20多粒；春季多把卵产在小麦分蘖丛或土块上，秋季多产在须根或土块上，多聚集成堆，每堆数十粒，卵期20～90天，越夏卵期4～5个月。

（2）小麦麦圆蜘蛛的防治措施

① 因地制宜进行轮作倒茬，麦收后及时浅耕灭茬；冬春进行灌溉，可破坏其适生环境，减轻危害。

② 可选用6.78%爱诺螨清300毫升/公顷加水750升，或

40%氧乐果1 000倍液，或0.3%阿维菌素乳油1 500～2 000倍液，或30%蚜青灵1 000倍液，或20%复方浏阳霉素1 000倍液喷雾防治，可在防治麦蜘蛛的同时，兼治麦蚜等害虫，使用机动弥雾机喷雾防效更佳。

（三）草害

26. 怎样选用小麦田除草剂?

小麦田杂草有40余科，共计200余种，可大致分为阔叶草、禾本科草两种。针对上述两种小麦田杂草，除了要把握最佳施药时机以外，还要根据杂草种类来选用合适的除草剂。

（1）把握最佳施药时机 小麦田杂草有两次出苗高峰期。第一次一般在冬前，小麦播种后20～30天，即10月下旬至11月中旬；第二次为翌年的3月，即小麦返青期至拔节期前。

冬前进行化学除草比春季效果更好。这是因为冬前杂草出苗量占杂草总数的90%以上，次年不足10%，且年后出苗的杂草因被麦苗遮盖，长势较弱，对小麦生长造成的影响相对较小；冬前麦苗未封行，杂草较小，耐药性差，用药量少，成本低；越年生杂草在秋天和小麦同时出土，争夺养分，冬前除草可以促使小麦吸收更多的营养，利于小麦形成壮苗，提高产量；且在冬季进行化学除草，可使除草剂在土壤中的残留期更长，减弱对下茬作物的影响。

（2）根据杂草种类选择合适除草剂

① 阔叶杂草的防除。麦类作物田中阔叶杂草的防除可使用苯氧乙酸类除草剂、苯甲酸类除草剂、腈类除草剂、磺酰脲类除草剂和杂环类除草剂等。如以藜科杂草为主的麦田，可用三氮苯类除草剂防除；阔叶杂草和单子叶杂草混生的麦类作物田，可以使用取代脲类除草剂；麦类作物中以野燕麦为主，可单独使用燕麦畏、禾草灵、野燕枯或燕麦敌等除草剂，如麦类作物田中以野燕麦为主还兼有阔叶杂草时，可用野燕枯混用苯氧乙酸类除草剂；如麦田中稗

草、狗尾草和阔叶杂草兼有时，可使用禾田净进行防除。凡不能混用的除草剂则应单用，两种药剂使用的间隔时期应在 6 天以上，以免产生药害或降低防除效果。

② 麦类作物田中如果阔叶杂草和单子叶杂草混生时，可用下面的除草剂防除，能获得良好的效果。

a. 绿麦隆。本药剂防除小麦田看麦娘、早熟禾、苍耳和婆婆纳等杂草。

b. 异丙隆。防除一年生杂草，如马唐、藜、早熟禾和看麦娘等杂草。

c. 利谷隆。对一年生禾本科杂草，如马唐、狗尾草和蓼等杂草有很好的防除效果。

d. 扑草净。防除稗草、马唐、千金子、野苋菜、蓼、藜、马齿苋、看麦娘、繁缕和车前草等 1 年生禾本科杂草及阔叶杂草。

27. 封地除草剂使用时要注意哪些问题？

封地除草剂即播后苗前除草剂。封地除草剂在使用时，应注意以下几个方面。

① 土壤湿度要较大。在小麦播种前造墒，雨后或浇地后喷施，如土壤干旱或长出小草以后，基本上是不能用的。

② 前茬较高或田间秸秆等覆盖地面时，这一类除草剂最好不

用，因为喷不到地面，形不成药土层，就不能杀死顶土发芽的杂草。

③ 除草剂复配而成的封地除草剂配比要合理，并添加专用助剂，使药液在地面迅速形成药膜，达到更好的封闭效果。

④ 封地除草剂用药时间过早，有时易使麦苗叶片发黄。要掌握浓度和用药量，药效期一过，杂草会长起来，需补喷其他除草剂，浪费人力物力。

28. 麦田冬前春季管理除草剂使用时要注意哪些问题？

（1）掌握合适的施药时间　麦田除草的最佳时间在小麦3叶期至拔节期，11月和翌年3月是冬小麦杂草的两个出土高峰。过迟或过早除草效果都不理想，有时还会发生药害。

（2）要及早防除　麦田化学除草最好选择在冬前。11月杂草出土比例高，此时麦苗未封垄且杂草组织幼嫩、蜡质层薄、裸露度大。因此，冬前是一个防除麦田杂草的有利时期。可以选择苯磺隆、噻吩磺隆等对温度要求不太严格的除草剂用于冬前麦田除草。

（3）某些麦田除草剂宜在冬前使用　如苯氧羧酸类除草剂2甲4氯等，这类除草剂在小麦返青后拔节前施用易对小麦造成药害。

（4）温湿度要合适　麦田除草宜在土壤湿润、无风的晴天9:00～16:00，气温在5～10 ℃以上时施药。气温高、光照足能增强杂草吸收药液的能力，风大易造成喷药不均匀，并易将药液飘移到相邻地块而对其他作物如油菜造成药害。

（5）注意长残留除草剂对后茬作物的残留药害　沙质土有机质含量低、pH高，轮作花生的小麦田，苯磺隆和噻吩磺隆应冬前施药，若后茬为其他阔叶作物最好保证安全间隔期90天。麦田用嘧唑磺草胺，40天内要避免间作十字花科蔬菜、西瓜和棉花。使用阔世玛的麦田套种下茬作物时，应在小麦起身拔节55天以后进行。

29. 小麦田除草剂药害的症状有哪些？

小麦田除草剂药害症状表现为叶片出现斑点、穿孔、焦灼、卷曲、畸形、枯萎、黄化、白化和失绿等。根部表现为短期肥大、根毛稀少、根皮变黄、根部腐烂等。小麦黄化苗、死苗症状呈现块状分布。与健康植株对比，发病苗明显矮小，分蘖少，甚至不分蘖。

30. 小麦田发生除草剂药害后的补救方法有哪些？

（1）多打清水　这种方法适合发现早的情况，打药当天或者第二天，发现打错了，赶紧喷施清水，可以多喷一些，稀释药液浓度，达到降低危害的目的。另外，一般的小麦除草剂都是酸性的，也可以适当加些石灰中和，不可过量。

（2）喷施叶面肥　清水打完以后，可以喷施一些叶面肥，增加小麦生长所必需的一些元素，减轻药害带来的危害。

（3）喷施植物生长调节剂　俗称“解毒剂”，效果要看小麦受药害的危害程度。如果症状较轻，可以喷施一些；如果药害较重，也不会有明显效果，常见的植物生长调节剂有赤霉素等。

（4）及时毁种补种　这点主要是针对危害较严重的，也就是地里的小麦基本上已经全部死亡，这种情况下，只能及时毁种，补种其他作物，减少损失。

31. 新型高效小麦除草剂有哪些？

（1）阔统锄　50克/升双氟磺草胺悬浮剂＋70.5％2甲·唑草酮可湿性粉剂（超耐低温、快慢结合、斩草除根）。

（2）砜吡草唑　属于新型低毒、广谱、异噁唑类除草剂。

（3）绿麦隆、苯磺隆　性价比占优势的绿麦隆，低毒、安全的苯磺隆。

（4）田小白　可防除节节麦、野燕麦、雀麦、猪殃殃和播娘蒿等杂草，是目前国内杀草谱广的小麦田除草剂。

（5）40%快灭灵干悬浮剂　是美国富美实公司（FMC）开发的一种芳基三唑类茎叶处理剂。其有效成分是一种原卟啉氧化酶抑制剂。快灭灵对禾谷类作物田间阔叶草和莎草，以及对顽固或已产生抗药性的阔叶杂草均具有较好的防除效果。

二、气象灾害

（一）冻害

32. 小麦冻害发生时期有哪些？

在小麦生产过程中，要经过漫长寒冷的冬季和突如其来的早春低温季节。所以在12月到翌年的2月中下旬，属于小麦的越冬期，有可能遭受比较严重的冻害。甚至在部分地区，2～3月的倒春寒也会给小麦造成比较严重的影响。因此，具体的小麦冻害发生时期可以分为以下3个时期。

（1）初冬小麦冻害　这种情况发生在麦苗长出来直到立冬前后。正常情况下，这时候天气温度并不是特别寒冷，仍然保持在0℃以上。但是，如果出现突然降雨、降温、降雪的情况，气温骤降10℃以上，达到零下以后，并且可能持续2～3天就有可能造成初冬冻害。具体的时间节点大概在11月中下旬至12月中旬左右。

（2）越冬期冻害　从12月中旬开始，一直持续到2月初，这一阶段都属于小麦漫长的越冬期间。如果在冬季出现了持续低温或者是天气反复无常冰雪交融的情况，特别是温度比常年偏低2℃以上，且最低气温在－15℃到－13℃时，特别容易出现小麦越冬期的冻害。这阶段低温天气非常长，所以造成的危害影响比较大。

（3）倒春寒冻害　小麦结束越冬期之后，地面部分开始逐步恢复生机，开始生长。正常情况下气温也会随之升高，但如果突发严重的倒春寒，则有可能会将小麦幼苗冻死冻伤。倒春寒对于小麦的生长来讲是非常不利的，很容易造成比较严重的冻害情况。

33. 小麦冻害发生后形态变化有哪些？

小麦遭受冻害的时期不同，其受冻部位与形态变化特征也有区别。

（1）冬季冻害症状　冬季遭受冻害的外部症状明显，刚刚受冻时叶片部分或全部呈水渍状，叶片逐渐干枯死亡。冬季冻害一般是以冻死部分叶片为主，对小麦产量影响不大。

（2）早春冻害症状　小麦在发生早春冻害时，心叶和幼穗受冻，外部特征一般不很明显，叶片干枯较轻。只有在降温幅度较大时叶片才会出现轻重不同的干枯。受冻比较轻时小麦叶尖褪绿变为黄色，叶尖部扭曲卷起。冻害严重时，叶片就会失水干枯，叶片的受冻部位开始呈开水烫状，最后变白干枯。如若受冻后小麦心叶干叶在1厘米以上，幼穗就可能会受冻死亡。

（3）晚霜冻害症状　拔节后孕穗前发生的晚霜冻害，一般情况下外部症状不明显，主要是主茎与大分蘖幼穗受冻。但是降温幅度很大、温度很低时也有可能造成叶片严重干枯，这样地块的小麦主茎和大分蘖几乎全部冻死。孕穗期发生晚霜冻害，受害部位为穗部。主要表现为幼穗干死在旗叶叶鞘内抽不出；或抽出的小穗整穗发白枯死；或部分小穗死亡形成半截穗；或穗完好但不能结实，成为无籽粒穗。一般抽穗后冻害症状才能表现出来。

34. 小麦发生冻害的减产幅度有多少？

冻害一直是小麦稳产增产的重要制约因素之一。春季冻害影响小麦成穗率，播期越早受冻害影响越严重，成穗率越低。小麦关键生育期遭受低温胁迫后，容易导致成熟期有效穗数下降，每穗粒数和千粒重不同程度降低，产量降低。有报道称，河南省南阳市小麦冻害每年都有不同程度的发生，冻害对小麦产量的影响较大，轻则减产5%～20%，重则导致绝收。

35. 小麦发生冻害后的补救原则和措施有哪些？

小麦自身有着很强的调节补偿作用，即使主茎或大分蘖生长点冻死，只要分蘖节未冻死，其自身仍能再生分蘖，并成穗，特别是拔节前受冻的小麦高位分蘖成穗率增高。

（1）冻害发生后的补救原则

① 及时追肥浇水，促进小麦分蘖迅速生长。早春小麦发生冻害后，上部绿色部分全部受冻害，分蘖节和根系有活力，及时进行追肥、浇水、科学管理，仍可发生分蘖、成穗、形成产量，获得较好的收成。晚春小麦遭受冻害后，大分蘖幼穗冻死，小蘖穗分化进

程慢，一般受影响程度较轻，及时进行追肥浇水，促进小分蘖快速生长，发育成穗，挽回损失。在小麦发生冻害后，应及时追施氮素速效化肥，如每亩追施尿素 15 千克左右。结合追肥，缺墒麦田适当浇水，以促进小麦分蘖迅速生长。

② 加强中耕，增温保墒。发生冻害的麦田要及时进行中耕和松土保墒，破除板结，改善土壤透气性，提高地温，促进小麦生长发育，弥补冻害损失。

③ 叶面施肥，防治病虫害。叶面施肥，作物可直接吸收利用，增强叶片活性，延长叶片功能期，增强光合作用。后期喷肥，结合“一喷三防”，还能防御干热风，防早衰，防治病虫害，促进灌浆，使冻害损失减少到最低程度，实现高产稳产。

（2）冻害发生后的补救措施 小麦霜冻是多发性气象灾害，冻害对小麦稳产、高产、优质的影响很大。根据多年来冻害发生的规律和特点，采取以防御为主，冻害后及时补救的综合预防措施，使冻灾损失降到最低，达到增产增收目的。

① 冬季冻害主要补救措施。一般受冻害的麦田，仅是叶片冻枯、没有死蘖的地块，早春应及时划锄，提高地温，促进麦苗返青，在起身期追肥浇水，提高分蘖成穗率。对主茎和大分蘖冻死的麦田分为 2 次追肥。在田间解冻后开沟追施尿素 150 千克/公顷；到小麦拔节期，结合浇水施尿素 150 千克/公顷。

② 早春冻害主要补救措施。为防止早春冻害最有效的措施是密切关注天气变化，在降温之前灌水。对生长过旺麦田主要是早春镇压、起身期喷施壮丰安，抑制生长。早春冻害后及时补肥与浇水。浇水是补救早春冻害的关键措施。冻后立即一次灌足灌透，每亩灌水量最少 60 立方米以上，结合浇水追施尿素 150 千克/公顷左右，促苗早发。及时中耕，蓄水提温，以增加分蘖数，弥补主茎损失。喷施叶面肥。小麦受冻后，叶面要及时喷施芸薹素内酯等植物生长调节剂，促进中、小分蘖的迅速生长，以增加小麦成穗数和千粒重。

③ 低温冷害的补救措施。低温来临之前采取灌水、烟熏等办

法来克服预防和减轻低温冷害的发生，发生低温冷害之后应及时追肥浇水，保证小麦的正常灌浆，提高粒重。

（二）旱灾

36. 小麦干旱的发生时期有哪些？

小麦的各个生育时期都可能受到干旱的影响。干旱发生在播种出苗期、拔节抽穗期和灌浆结实期影响最大，主要分为秋旱、冬旱和春旱。

（1）秋旱　播种期干旱，底墒不足，影响播种。

（2）冬旱　冬前气温高、降水少，空气干燥，影响小麦安全越冬，常因干旱而加重寒害和冻害。

（3）春旱　春季干旱以拔节期和灌浆期干旱危害较重。

37. 不同生育时期小麦旱灾的形态表现有哪些？

（1）秋旱　播种期遭遇干旱，土壤水分不足，种子不能吸收足够的水分以满足出苗的需要，往往不能实现一次出苗；出苗后发根少、根系下扎浅，出叶速度慢，叶子发黄、分蘖迟迟不发，且经常出现缺位蘖，不利于壮苗的形成，严重时甚至会死苗。

（2）冬旱　冬前气温高、降水少，空气干燥，影响小麦安全越冬，常因干旱而加重寒害和冻害，严重时麦田成片出现干叶、死蘖和死苗现象。

（3）春旱　春季干旱以拔节期和灌浆期干旱危害较重，拔节期干旱会影响植株株高，干旱程度越高，株高越矮，叶面积也会下降，净光合速率降低；孕穗至灌浆结实期发生干旱会直接影响小麦的正常开花结实和光合产物的形成、转运和分配，导致小麦早衰，使小麦灌浆期缩短而影响粒重，甚至早枯死亡。

38. 发生旱灾后小麦减产的幅度有多少？

不同生育阶段干旱对小麦产量形成的影响不同。据统计，干旱减产通常在9%～10%，严重时可达到50%以上，甚至绝收。

39. 干旱对小麦品质有什么影响？

干旱会影响小麦的品质。干旱会使籽粒瘦秕，影响的淀粉的合成和积累，使籽粒淀粉含量降低。另外，干旱显著提高小麦籽粒蛋白质含量、谷蛋白含量及谷蛋白/醇溶蛋白值，并显著提高籽粒干、湿面筋含量，改善小麦籽粒加工品质。

40. 小麦发生旱灾后补救原则和措施有哪些？

（1）小麦发生旱灾后的补救原则

① 及时补水灌溉，灌溉不在中午进行，采用湿润灌溉技术，少量多次，不要大水漫灌；对受害较轻的麦田，用秸秆、稻草和树叶等覆盖小麦行间土壤，努力减少土壤水分蒸发损失。

② 喷施作物防旱保水剂（黄腐酸制剂），减少叶片气孔开放程度，抑制水分蒸腾损失。

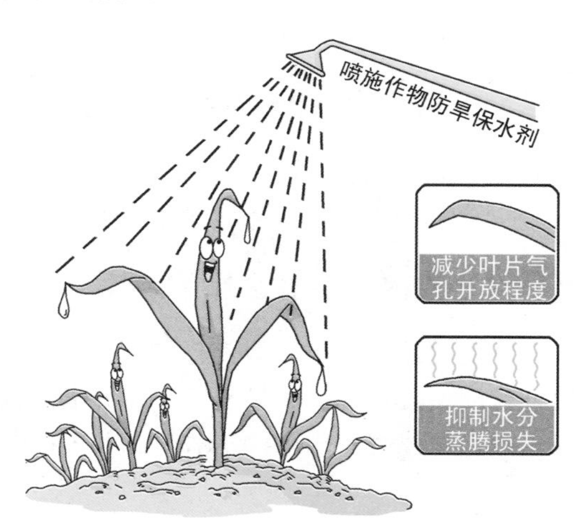

③ 酌情叶面喷肥。可每亩用尿素2～3千克，兑水100千克；或用0.3%的磷酸二氢钾溶液，即每亩150克磷酸二氢钾兑水50千克等，叶面喷施，可以起到以肥济水、提高抗旱效果的作用。

④ 小麦受干旱后长势减弱，抗寒能力下降，要密切关注天气变化，在寒流到来之前，采取普遍浇水、喷洒防冻剂等措施，预防晚霜冻害。一旦发生冻害，要及时采取浇水施肥等补救措施，促麦苗尽快恢复生长。

（2）小麦发生旱灾后的补救措施

① 播后干旱补救措施。对播后出现干旱的麦田，出苗前不宜灌溉，尤其不能大水灌溉，否则会造成闷心烂种。对因干旱造成缺苗断垄的麦田，要查苗补种和疏苗移种。对冬前因整地质量差、形成黄弱苗的麦田，要及时浇水，确保安全越冬，浇水后要及时中耕锄划保墒，防治土壤板结。

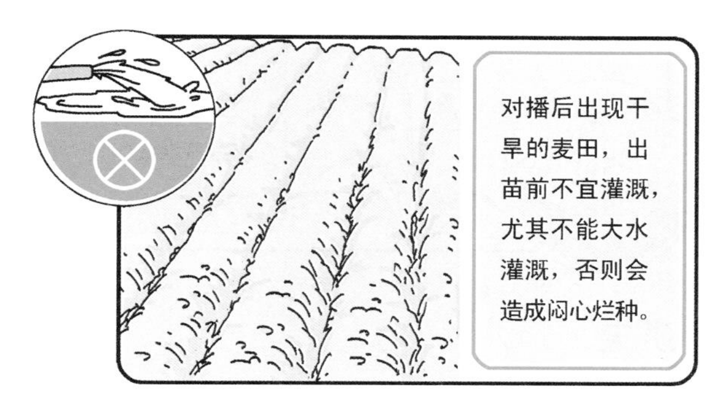

② 春季干旱补救措施。对因旱受冻麦田，可利用土壤返浆的有利时机，锄划保墒，提高地温，一般不宜浇水；但遇到特大干旱，小麦难以生存时，应立即浇救命水。结合浇水，适量施肥，促进麦苗转化升级。干旱麦田在气温骤降前及时浇水，可减轻倒春寒危害。

③ 中后期干旱补救措施。拔节期、孕穗期和灌浆期是需水的关键期，有灌溉条件的麦田，遇到干旱应立即灌水；无灌溉条件的麦田，应立即叶面喷水或喷洒保水剂。

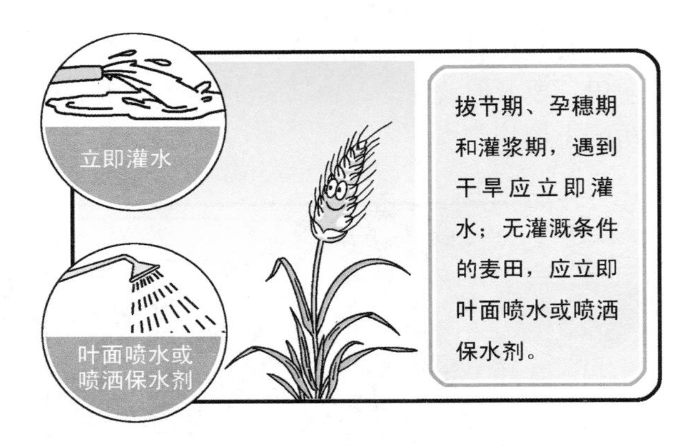

（三）涝灾

41. 渍涝对小麦生产危害表现及危害程度如何？

渍水对小麦干物质积累的抑制效应是随着生育进程而加重，营养生长期影响较小，生殖生长期抑制效应较大，尤以孕穗期至开花期为重。

（1）小麦生育期前期渍水可以导致出苗率降低，苗瘦苗弱；花后渍水会显著降低小麦的籽粒产量和淀粉产量。

（2）小麦播种出苗后，冬前雨水过多，会造成渍涝，渍水伤根僵苗，叶色变为暗红色，有的导致烂根死苗，要深开沟，降低地下水位，排除渍水。

（3）小麦孕穗期、灌浆期受渍涝胁迫均导致叶绿素 a、叶绿素 b 和叶绿素总量降低，且渍涝时间越长，含量越低，还会造成小青穗增多，结实穗数减少。

（4）花后渍水条件下，小麦旗叶光合速率和叶绿素含量均下降，光合功能期缩短，从而导致植株衰老加剧。

（5）小麦生育期的中后期渍水，会导致土壤水分过多和严重缺氧，根系生长发育受阻，根系活力下降，吸水减少，叶片萎蔫和根系腐烂，降低了根系对水分和养分的吸收、运转和分配，抑制小麦正常生长发育，无机营养和体内有机营养失调，造成产量下降。

（6）渍水处理降低了小麦成熟期单茎及籽粒干物质积累量，降低了籽粒产量和品质。

42. 渍涝对小麦品质有什么影响？

（1）渍涝使小麦营养器官花前储藏物质再运转量下降，从而降低了籽粒产量、淀粉含量、湿面筋含量、蛋白质含量、沉降值和降落值，显著降低了籽粒谷蛋白含量及谷蛋白/醇溶蛋白值，显著降低支链淀粉含量，提高了直链淀粉含量，进而降低了小麦籽粒品质。

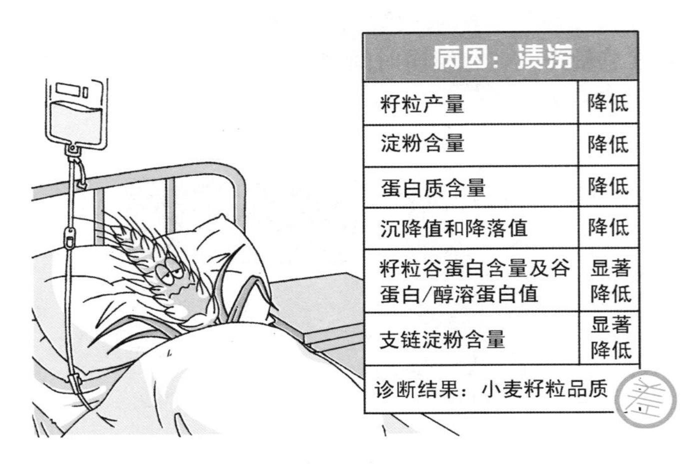

病因：渍涝	
籽粒产量	降低
淀粉含量	降低
蛋白质含量	降低
沉降值和降落值	降低
籽粒谷蛋白含量及谷蛋白/醇溶蛋白值	显著降低
支链淀粉含量	显著降低
诊断结果：小麦籽粒品质	差

（2）渍涝还会增加小麦植株倒伏率，增加小麦感染青枯病、白粉病等病害的感染率，从而对籽粒的品质造成毁灭性的影响。

43. 小麦发生渍涝后有哪些补救措施？

（1）首先要及早排出田间积水，排水方式有自流排水和机械排水。

（2）发生渍涝之后容易小麦大面积的倒伏，要在进行田间排水的同时，扶直倒伏小麦。

（3）渍涝后喷施多效唑等生长调节剂并配合追施氮、磷、钾肥，可降低小麦叶片中丙二醛含量、改善光合作用，增加穗粒数，改善产量性状，减少产量损失。

（4）尽快进行中耕松土散墒增温，促进根系生长，中耕不宜太深，以免伤根太多，影响小麦生长。

（5）及时用药防治青枯病、白粉病和条锈病等小麦病害，并注意防虫。

（四）高温热害

44. 冬前积温高对小麦生长的影响有哪些？

设施内越冬前增加积温，在越冬前对幼穗发育进程有一定影响，对拔节期幼穗发育进程和发育性状影响明显，孕穗后随着发育进程的加快影响减小，成熟期大部分处理之间的生物学性状差异不显著。

越冬前积温增加不超过 25 ℃对幼穗影响很小；积温增加大于 60 ℃幼穗发育进程明显加快，积温越高变化越明显。冬前积温增加到一定幅度将导致冬小麦物候期提前，积温增加超过 60 ℃，拔节期叶龄提高 0.8 以上，抽穗期和成熟期分别提前 1 天左右。物候期的提前和幼穗发育进程的加快使小麦整个发育期缩短，容易遭受春季低温危害，造成小花败育甚至小穗冻死；冬前积温过高还导致后期旗叶光合能力下降，灌浆期缩短，千粒重降低而造成减产。

45. 春季气温回升快对小麦生产的影响有哪些？

（1）春季气温回升快会加重根腐病、纹枯病、麦蜘蛛和地下害虫等病虫害的发生。

（2）冬前未及时防除麦田杂草的，开春后草害也较严重。

（3）春季气温回升快、起伏大，极易发生倒春寒。

（4）气温回升麦田水分蒸发量较大，失墒较快，容易造成春旱。

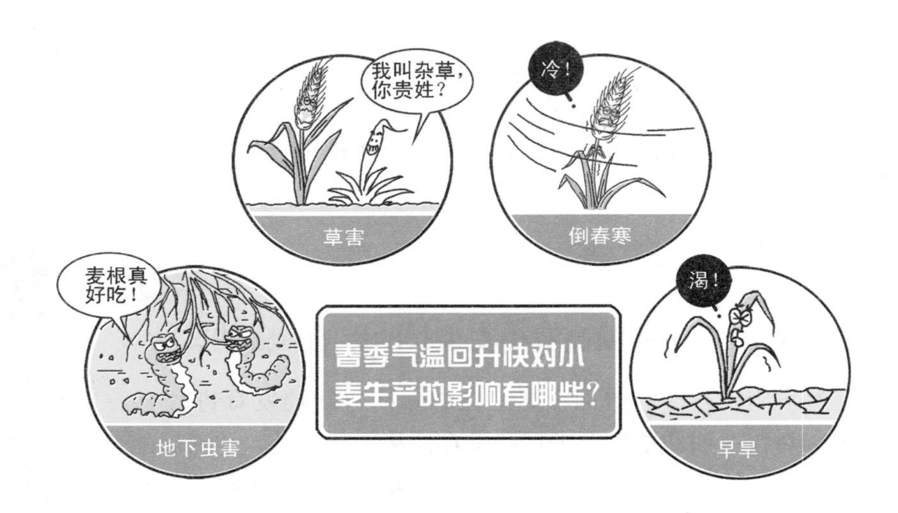

46. 高温对小麦生产的危害及危害程度如何？

（1）高温使小麦叶片的蒸腾强度大大增强，根系的吸水供不应求，引起植株体内水分失衡，造成代谢活动受阻，叶绿素被破坏，叶片萎蔫枯死。

（2）在高温的影响下，小麦根系活力大大降低，影响小麦对水分和养分的吸收，促进植株早衰。

（3）高温使光合作用强度降低，干物质积累提前结束，灌浆期缩短，造成籽粒不饱满，千粒重下降。

（4）高温使植株的呼吸作用增强，消耗增加，并抑制单糖转化为淀粉的过程，使淀粉积累减少。

（5）小麦在灌浆后期遇雨后骤晴高温，往往导致小麦植株迅速枯死。

47. 高温对小麦品质的影响有哪些？

高温可使小麦的灌浆期缩短、粒重降低、品质变劣。灌浆期间，短时间高温（1 小时，35 ℃）就可导致面包体积变小、面团强度降低，且使面团形成时间缩短，其与高温胁迫的时间明显相关。小麦开花后短时间的高温胁迫（日最高 40 ℃，3 天）就可以使小麦品质变劣，面条膨胀势变小。灌浆期间升高温度可以提高蛋白质与淀粉的相对比例，当温度升高到 30 ℃时，蛋白质和淀粉的合成速度都降低，但对蛋白质的影响要相对较小。另外，高温也会促进籽粒中醇溶蛋白的合成，提高谷蛋白/醇溶蛋白值，从而使小麦的面团强度、面包体积和评分等有关烘烤品质变劣。高温不仅加快籽粒的灌浆进程，而且影响淀粉的形成过程，同时更为重要的是，高温能够影响与淀粉合成有关的各种酶活性。

48. 小麦干热风预防措施有哪些？

（1）选用抗旱、抗干热风能力强的品种。

（2）改良土壤，增强土壤的保肥水能力。后期肥水要适宜，适当控制氮肥，注意增施磷、钾肥。

（3）适时灌水能够改善田间小气候，降低株间温度 1～2 ℃。灌水最好选择在早、晚气温相对较低的时段，同时要加强田间管理。

（4）在清晨或傍晚采取喷施叶面肥的方式提高小麦抗逆性。叶面喷肥时，要适量加大兑水量，既可以增加植株水分，有利于降温增湿，促进作物生长。

（5）合理追肥、除草，改善农作物的营养状况，增强抵御高温危害的能力，避免和减轻高温的危害。

（6）适时喷药防治病虫害。

（五）风灾

49. 小麦风灾发生原因及症状？

在小麦生育中后期，如遇到阵风或大风，会使小麦发生倒伏，影响小麦产量。

在小麦灌浆期前发生的倒伏，称为早期倒伏。由于这时候小麦“头轻”，一般都能不同程度地恢复直立。对成熟期小麦籽粒产量的降低没有直接的影响，造成的产量降低主要是收获时的不便造成的。

灌浆后期发生的倒伏，称为晚期倒伏。这时候由于小麦“头重”，不易恢复直立，往往只有穗和穗下茎可以抬起头来。当小麦

抽穗后，倒伏发生时期的早晚对小麦籽粒的减产有直接影响，且在抽穗时期和小麦籽粒形成期发生的倒伏对小麦籽粒减产影响最严重。

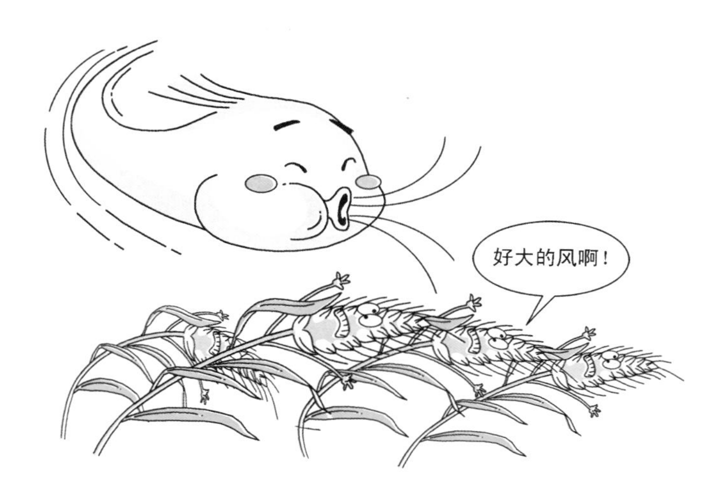

50. 造成小麦倒伏的原因有哪些？

倒伏是小麦高产高效的重要限制因素之一。小麦倒伏是多种因素相互作用的结果，一般来说，小麦倒伏主要有 3 种因素。一是品种，二是栽培调控措施，三是自然灾害。自然灾害是影响小麦倒伏的直接因素。

（1）品种　品种抗倒伏性能差。重心高度过大，茎秆发育弱、充实度差，抗倒能力差的小麦品种，易引起茎秆倒伏；土壤耕层浅，小麦品种根系入土浅，容易发生根倒。

（2）栽培调控措施　群体过大，肥水施用不当。

① 种植密度过高，群体过大，个体发育不良引起倒伏。增密群体以增加单位面积穗数、增大氮肥追施比例以增加穗粒重是实现小麦高产高效的重要技术途径，而群体过大时，群体结构变劣，茎秆基部因通风透光差、下层叶片光合有效辐射降低、个体间养分竞争等导致茎秆细弱、充实度差、机械组织厚度降低、机械细胞层和皮质厚度降低、茎秆机械强度下降，当风雨等外部因素引发茎秆屈曲度过大时，茎秆下部节间弯折倒伏。

② 施肥不当易引起倒伏。主要表现在 4 个方面。基肥配比不合理，重氮肥、磷肥的施用，而钾肥、微量元素肥料使用较少，导致小麦群体过大，个体发育不良，茎秆刚性强度降低，抗倒伏性能较差；氮肥施用量较多或氮肥追施时期偏早，会导致小麦旺长，下部叶片重叠，田间郁闭，基部节间过长，茎秆细弱，抗倒性能差；氮素缺乏时，植株光合能力减弱，光合同化物减少，茎秆发育不良；肥料施用模式影响小麦倒伏，肥料深施比浅施的根系发达，抗倒伏能力强。

③ 秸秆还田，耕作措施不配套，根系分布浅，易发生根倒。近年来，随着秸秆禁烧，全量还田，小麦种植很少进行深翻，大多使用旋耕播种机，一次性种植，造成土壤耕层逐年变浅。耕层变浅，则导致根系生长不良，容易发生根倒。

（3）自然灾害　主要有病虫害、大雨、大风等自然灾害。

小麦纹枯病、根腐病等病害，造成茎秆不同程度地坏死。遇到不利天气，引起倒伏。小麦灌浆期，穗重加之连续降雨和刮大风，大部分高秆品种和群体过大地块可造成不同程度的倒伏，如大风、大雨、冰雹、连阴雨等灾害会造成严重倒伏。

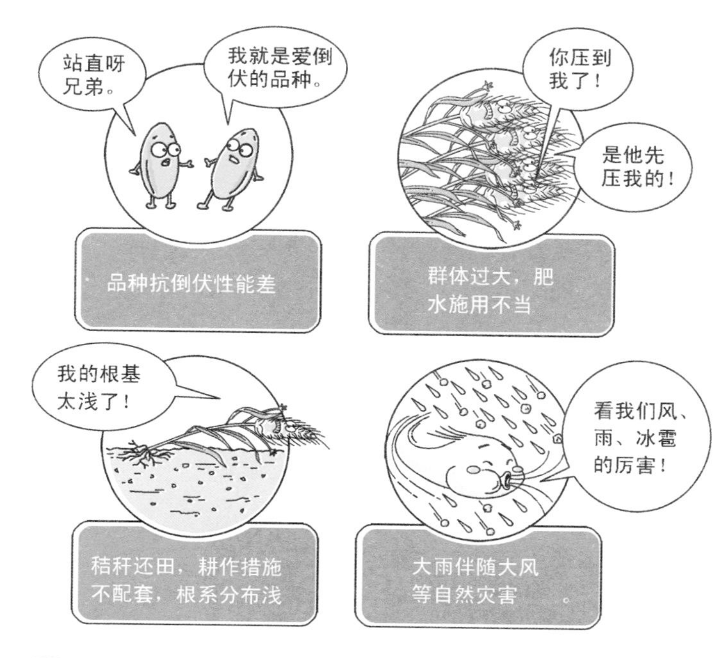

51. 倒伏的类型有哪些？

小麦倒伏一般分为根倒伏和茎倒伏两种类型。

（1）根倒伏　由于根部固定强度较差使根茎倾斜而发生的全株伏地倒伏称为根倒伏。造成根倒伏的原因主要有：土壤耕层浅、土壤松暄导致小麦根部固定强度较差；整地、播种质量差导致品种根系入土浅；灌溉或降水后土壤湿软，再遇风雨容易发生倒伏。

（2）茎倒伏　由于茎基部的机械组织不发达，小麦植株基部茎节弯曲或折断而造成的倒伏，称为茎倒伏。造成茎倒伏的原因主要有：播种量过大、肥水充足、栽培管理措施不当，造成群体过大，田间郁蔽，茎秆基部因通风透光差、下层叶片光合有效辐射降低、个体间养分竞争等导致茎秆细弱、充实度差、茎秆机械强度下降，当风雨等外部因素引发茎秆弯曲度过大时，茎秆基部节间弯曲或折断造成倒伏。

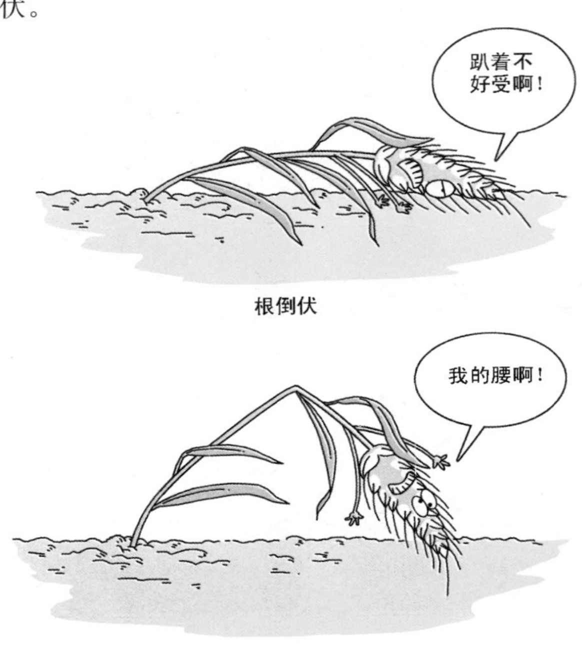

根倒伏

茎倒伏

52. 倒伏导致小麦减产的幅度有多大?

倒伏是小麦产量提高的关键限制因素之一，倒伏会降低小麦穗粒数和千粒重，导致产量降低 12%～80%，严重倒伏甚至有绝收危险。

53. 倒伏对小麦品质的影响有多大?

倒伏导致成熟期小麦籽粒中淀粉含量、组分含量显著减少，直链淀粉含量减少幅度为 0.18%～1.66%，支链淀粉含量减少幅度为 0.73%～3.09%，总淀粉含量减少幅度为 2.02%～2.99%，其中，直链淀粉含量下降的幅度略小于支链淀粉含量下降幅度，对小麦籽粒磨粉品质有不良影响。另外，倒伏会导致小麦籽粒中霉菌毒素、脱氧雪腐镰刀菌烯醇、雪腐镰刀菌烯醇等污染性毒素积累风险加大，影响小麦食品安全。

54. 小麦进行化学调控的作用是什么？

小麦化学调控技术是指运用植物生长调节剂促进或控制小麦生理代谢功能和生长发育进程，使小麦能够按照人们预期的目的而进行生长变化的一种技术。小麦化学调控具有用量少、经济、简便、快速、主动性强的特点。小麦进行化学调控的作用主要包括以下几个方面。

（1）促进萌发，培育壮苗　应用化学调控剂，能够使小麦种子活力提高 20%～30%，促进小麦种子发芽、生根，提高小麦幼苗生长势，增强小麦幼苗生理功能，培育壮苗。

（2）控制小麦旺长　合适时期应用小麦化学调控剂，能够有效控制小麦旺长，防止小麦后期群体过大，增强其抗逆能力。

（3）降低株高，防止小麦倒伏　降低植株高度及基部第二节间长度，增加基部第二节间的直径、壁厚以及茎秆充实度，增强小麦茎秆的韧性，使小麦茎秆抗折力提高 15%～20%。

（4）促进小麦根系生长　应用化学调控剂可使小麦根系活力提高 15%以上。

（5）改善小麦持绿性，延缓植株衰老，提高小麦光合作用　叶面喷施植物生长调节剂，开花期小麦绿叶数提高 25%左右，小麦群体光合作用提高。

（6）提高小麦抗逆境的能力　化学调控剂能够显著提高小麦抗旱、抗冻、抗干热风等抗逆境的能力。例如，苗期施用小麦化学调节剂，能够促进小麦冬前分蘖，最终提高 0.5～1 个有效分蘖，提高小麦冬前抗冻能力。

（7）促进小麦早熟　应用小麦化学调控剂，可以促使小麦灌浆速率加快，成熟期提早 2～5 天，对规避小麦收获期自然灾害的影响具有重要意义，为玉米提早播种提供可能性。

（8）提高产量　在小麦上使用化学调控剂，可提高小麦成穗率、结实率及千粒重，使小麦产量提高10%以上。

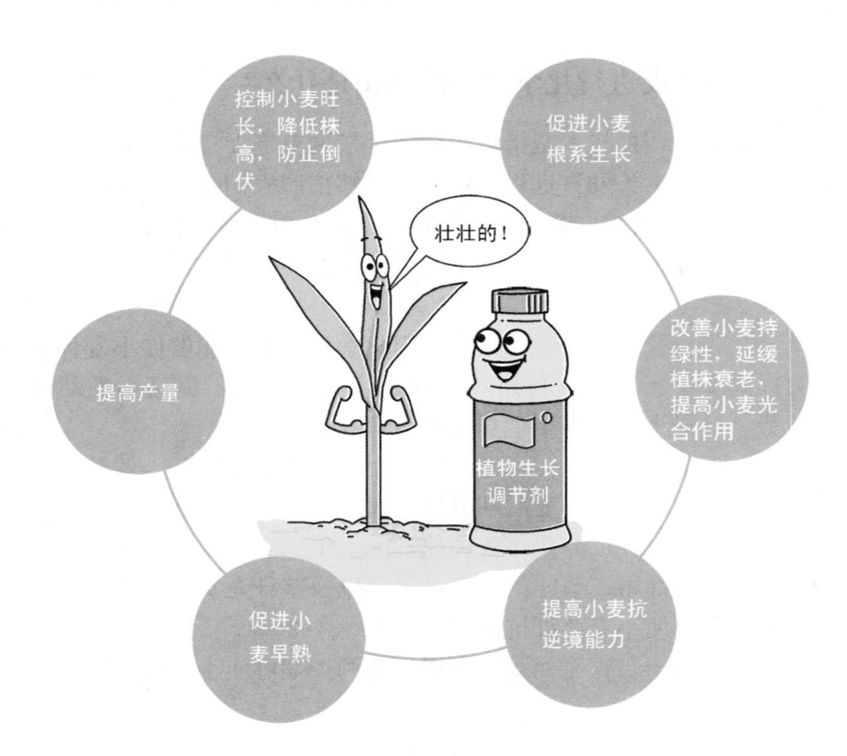

55. 常用小麦化学调控剂的种类、使用方法及注意事项有哪些？

（1）常用小麦化控剂种类　小麦常用的化学调节剂主要有缩节胺、矮壮素、多效唑、细胞分裂素（6－苄氨基腺嘌呤）、赤霉素、芸薹素内酯、萘乙酸钠、苯氧乙酸和黄腐酸等。

（2）使用方法

① 控旺防倒类。包括缩节胺、矮壮素、多效唑等。在小麦拔节期用药，可有效抑制节间伸长，使植株矮化，茎基部粗硬，从而防止倒伏。缩节胺每亩用3～4克，兑水40～50千克喷洒，用喷雾器均匀喷施于小麦整株即可。

② 促进发育类。包括细胞分裂素（6-苄氨基腺嘌呤）、赤霉素、芸薹素内酯等。在小麦拔节期喷施能促进小花发育，减少小花退化，增加穗粒数。细胞分裂素还可在开花期喷施，能增强小麦叶片光合性能。细胞分裂素喷施浓度为25毫克/升，以40毫克兑一喷雾瓶清水（容积为1 600毫升），连续喷施3天。

③ 促进灌浆。包括萘乙酸钠、苯氧乙酸等。在小麦开花期至灌浆期使用，喷施浓度为20～30毫克/千克，以32～48毫克药品兑一喷雾瓶清水（容积为1 600毫升），用背负压缩式喷雾器均匀喷施于小麦叶片和穗部。

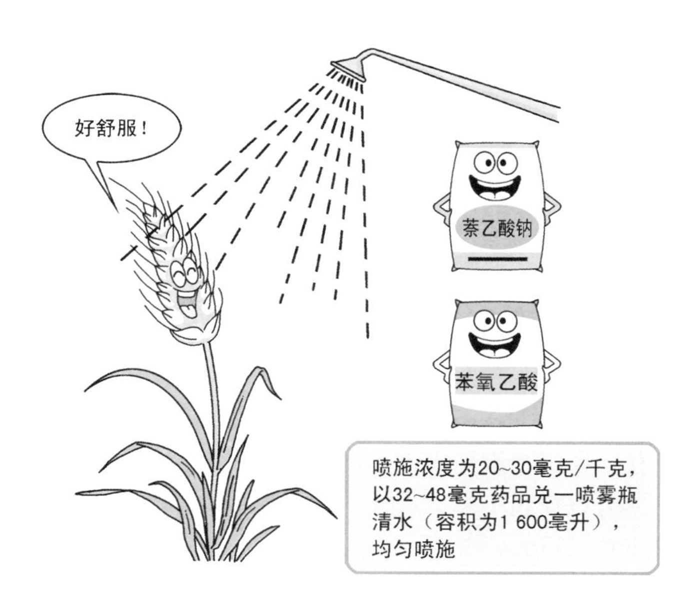

④ 增强抗逆能力类。主要是黄腐酸，在小麦孕穗期喷施，孕穗期喷施50克/亩，用背负压缩式喷雾器兑清水10～15千克均匀喷施于小麦叶片即可。

（3）注意事项

① 准确把握用药浓度，一定要严格按照说明书上的配制浓度要求配制，注意最低有效药量、最佳用药量及有害用药量。

② 严格注意用药时期。不同的苗情对植物生长调节剂各有适用，不同植物生长调节剂适宜的使用时期不同，针对不同的苗情要选对植物生长调节剂种类，并要在最有效的时期施用。

③ 不要在种田施用。小麦制种田施用植物生长调节剂，如乙烯利、赤霉素等，易导致其不孕穗增多，收获的种子发芽率严重降低等。

④ 注意不能以药代肥。植物生长调节剂不能代替肥水及其他农业措施。即使是促进型的调节剂，也必须有充足的肥水条件才能发挥其作用。

⑤ 不要随意混用。注意不要将几种化学调控剂混用或与其他农药、化肥混用，必须在充分了解混用农药之间是增效还是拮抗作用的基础上决定是否可行，不要随意混用。

⑥ 化学调控剂储存时需妥善保管，勿使人、畜误食。不要与食品、饲料、饮料、种子混放。

⑦ 使用化学调控剂时应遵守一般农药安全使用操作规程，避免吸入药雾和与皮肤、眼睛接触。

56. 小麦发生倒伏后补救措施有哪些？

在小麦灌浆期前发生的倒伏，称为早期倒伏。由于这时候小麦“头轻”，一般都能不同程度地恢复直立。灌浆后期发生的倒伏，称为晚期倒伏。这时候由于小麦“头重”，不易恢复直立，往往只有穗和穗下茎可以抬起头来。及时采取措施加以补救，对提高小麦粒数和千粒重意义重大。

（1）不扶不绑，顺其自然。如果是早期倒伏，且倒伏情况不太严重的麦田，此时倒伏的小麦不能人工扶起或绑把，以免造成二次损伤。

（2）如果因风吹雨打而倒伏的，可在雨过天晴后，用竹竿轻轻抖落茎叶上的水珠，减轻压力助其抬头，以防叶片被泥土粘连，并能增加倒伏群体底层的通气透光性。切忌挑起而打乱倒向。

（3）对于灌浆后期发生的倒伏，可以采取人工捆扎的方法，防止小麦植株腐烂、折断，尽量减少损失。

（4）喷施叶面肥、防治病虫害。天气晴好能够下地时，可喷施磷酸二氢钾等叶面肥，可防止小麦早衰，促进小麦生长和灌浆；抓好麦田地下害虫以及小麦纹枯病、根腐病、白粉病、锈病、叶枯病等病害的防治，防治病虫害与增强抗倒伏相结合，降低倒伏导致的减产损失。

第三章 玉米常见灾害及预防应对

一、生物灾害

（一）病害

病害是影响玉米生长发育的主要灾害，可导致玉米产量常年损失在6%～8%。近年来，由于全球气候的变化、栽培制度的改变及抗病品种的更换，各种病害的发生日趋严重。

57. 玉米斑病的危害症状及防治措施有哪些？

玉米斑病分为大斑病、小斑病、褐斑病与弯孢菌叶斑病，这类病害主要危害玉米的叶片、苞叶和叶鞘，导致叶片不能进行正常的光合作用而衰老。

（1）大斑病　特点是斑点最长可达到30厘米，部分病斑可连成一片形成不规则的大斑，斑点如水浸状。

（2）小斑病　特点是斑点相对较小，通常在 1 厘米之内，类似于椭圆形，绝大部分颜色为深褐色。

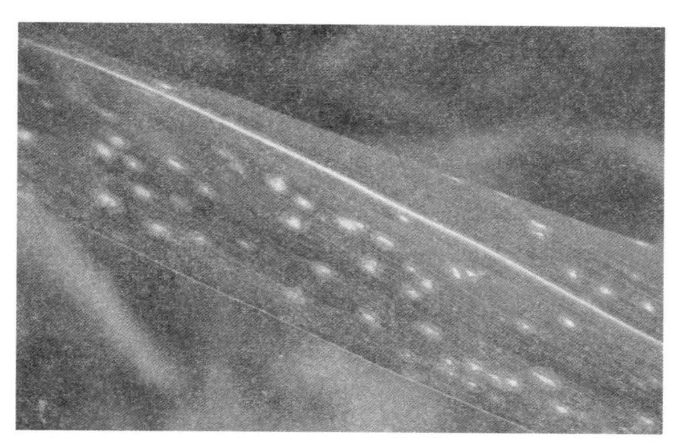

（3）褐斑病　特点是病斑首先发生在顶部叶片的尖端，病斑初为浅黄色，逐渐变为褐色、红褐色或深褐色，圆形或椭圆形，直径约为 1 毫米，在叶鞘和茎秆上的病斑较大，直径可达 3 毫米。

（4）弯孢菌叶斑病　特点是初生褪绿小斑点，逐渐扩展为圆形至椭圆形褪绿透明斑，中间枯白色至黄褐色，边缘暗褐色，四周有浅黄色晕圈。

对于大斑病、小斑病的防治，可采用 75%代森锰锌可湿性粉剂等药剂 500～800 倍液，每周喷施 1 次，连续喷施 2～3 次。褐斑

病的防治可用25%粉锈宁可湿性粉剂1 000～1 500倍液，或50%多菌灵可湿性粉剂500～600倍液，或70%甲基硫菌灵可湿性粉剂500～600倍液等杀菌剂进行叶面喷洒，能起到较好的预防效果。弯孢菌叶斑病的防治，可采用50%百菌清可湿性粉剂、50%多菌灵可湿性粉剂、70%甲基硫菌灵可湿性粉剂400～500倍液等。

58. 玉米黑粉病的危害症状及防治措施有哪些?

黑粉病属于局部寄生性病害，主要侵害部位是玉米植株的幼嫩处，并逐渐侵染到玉米植株的各个部位，发病部位会出现不同大小的白色病瘤，之后瘤体逐渐变成黑色，直到病瘤成熟后破裂，散播出黑色菌粉，黑粉瘤会将植株的大量养分吸收掉，最严重时可导致玉米产量降低80%左右。

玉米黑粉病多出现于玉米抽穗期，在幼苗期间很少出现。其防治方法主要有以下几个方面。

(1) 使用含有戊唑醇或三唑酮（粉锈宁）的低毒玉米种衣剂进行种子包衣，也可单独使用戊唑醇、三唑酮或福美双等药剂拌种。

(2) 在玉米出苗前地表喷施杀菌剂（除锈剂）；在玉米抽雄前喷50%的多菌灵可湿性粉剂或50%福美双可湿性粉剂；或者在玉米即将抽穗时采用1%的波尔多液喷雾，防治1～2次，可有效减轻病害。

（3）彻底清除田间病株残体，带出田外深埋；进行秋深翻整地，把地面上的菌源深埋地下，减少初侵染源；避免用病株沤肥，粪肥要充分腐熟。

59. 玉米丝黑穗病的危害症状及防治措施有哪些？

玉米丝黑穗病的危害部位主要是玉米的果穗和雄穗，当雄穗发病时，局部或整个花器会发生变形，颖片增多，类似于叶片形状，基部膨大，其内部均为黑粉。果穗发病时，细菌会破坏苞叶之外的其他所有部位，受害果穗较短，基部粗，顶端尖，近似球形，不吐花丝。丝黑穗病与黑粉病的唯一不同之处就是黑穗病不会产生大的病瘤。

丝黑穗病的主要防治措施有以下几个方面。

（1）及早拔除病株，在病穗白膜未破裂前拔除病株，特别对抽雄迟的植株注意检查，连续拔几次，并把病株携出田外，深埋或烧毁。

（2）药剂拌种或种子包衣是控制该病害最有效的措施。可于玉米播前按药、种 1∶40 进行种子包衣或用 10%烯唑醇乳油 20 克湿拌玉米种 100 千克，堆闷 24 小时，可有效防治玉米丝黑穗病。也可用种子重量 0.3%～0.4%的三唑酮乳油拌种或 50%多菌灵可湿性粉剂按种子重量 0.7%拌种。

（3）于玉米抽穗期采用 1%的波尔多液喷雾，能有效减轻丝黑穗病的再次侵染，从而保证玉米植株的正常抽穗。

60. 玉米青枯病的危害症状及防治措施有哪些？

玉米青枯病是一种危害非常严重的病害，主要发生在玉米灌浆期，主要危害玉米的根和茎底部，属于土传有害真菌。发病初期根系局部产生淡褐色水渍状病斑，随着病情发展，病斑逐渐扩展到整个根系，根系呈褐色腐烂状，最后根系空心，根毛稀少，植株易被拔起；病株叶片自上而下呈水渍状，很快变成青灰色，枯死，然后逐渐变黄；果穗下垂，穗柄柔韧，不易被掰下；籽粒干瘪，无光泽，千粒重下降。

玉米青枯病的防治措施主要有以下几个方面。

（1）因地制宜选用抗病品种，如郑单958、农大108等。

（2）进行合理轮作，避免重茬，提倡与棉花、大豆、甘薯、花生等作物轮作，可降低土壤中的病原菌数量，减轻病害发生。

（3）结合中耕进行培土，降低土壤湿度，增强玉米根系吸收能力；前期增施磷、钾肥，提高植株抗性，后期如遇降雨，应及时排干田间积水。

（4）及时清除田间病残体并集中烧毁，收获后深翻土壤，杀灭病原菌，可以有效减少初侵染源。

61. 玉米根腐病的危害症状及防治措施有哪些?

玉米根腐病是腐霉菌引起的病害，主要表现为中胚轴和整个根系逐渐变褐、变软、腐烂，根系生长严重受阻，植株矮小，叶片发黄，导致幼苗死亡。

根腐病的防治方法有以下几个方面：

（1）播种前采用咯菌腈悬浮种衣剂或满适金种衣剂包衣。

（2）加强田间栽培管理，喷施叶面肥。

（3）结合中耕除草，降低土壤湿度，促进根系生长发育。

（4）发病严重地块可选用72%代森锰锌·霜脲氰可湿性粉剂600倍液，或58%代森锰锌·甲霜灵可湿性粉剂500倍液喷施玉米苗基部或灌施根部。

62. 玉米茎腐病的危害症状及防治措施有哪些?

茎腐病是玉米茎部或茎基部腐烂而导致全株在短时间内枯死的病害，又被称为茎基腐病。其症状表现为植株叶片突然萎蔫，呈现黄色或青灰色干枯状，茎基部软空。剖开茎秆后可见内部组织腐烂，为褐色或黑色，病害严重的呈现红色或白色菌丝，维管束丝状游离。另外，果穗倒垂、穗柄柔软，不容易掰离，籽粒呈干瘪状，不饱满。

茎腐病的防治措施有以下几个方面。

（1）选择抗病性好的品种　根据当地自然气候条件特点以及土壤状况选育和引种合适的抗病品种，是防治玉米茎腐病的有效措施。目前，郑单538、郑单1002、郑单958、诺达1号等均属于杂交种中抗茎腐病较强的品种。

（2）轮作倒茬　多年小麦和玉米连作、秸秆还田、持续旋耕是夏播区玉米茎腐病呈上升趋势的重要诱因。因此，应调整种植结构，将玉米与其他非寄主作物进行轮作，如水稻、马铃薯、蔬菜等作物进行2～3年轮作，避免病原菌在土壤中积累。

（3）适时深翻　减少秸秆还田次数，隔2～3年深翻1次土壤，将病残体与病原菌集中的上土层深埋，可有效防控茎腐病。

（4）药剂拌种　选择玉米生物型种衣剂按1∶40比例进行拌种处理，或采用诱抗剂（氟乐灵）浸种处理，可有效防治茎基腐病。或拌种时加入多菌灵和咯菌腈等药剂，也能在一定程度上预防玉米茎腐病。

（5）科学施肥　施足基肥，增施钾肥和有机肥可以降低茎腐病发生率。另外，种肥同播时在肥料中掺混木霉菌剂，对苗期根腐、茎基腐及后期茎腐也有较好防效。

（6）防止涝渍　玉米田长时间淹水或湿度过大会导致土壤透气性不良，也加重茎腐病发生。因此，雨季要遇涝随排，水退后及时补施锌肥、钾肥。

（7）药物喷雾　发病初期可利用药物喷雾法进行防治，一般可选用的药剂包括50%多菌灵可湿性粉剂500倍液、70%百菌清可湿性粉剂800倍液、65%代森锰锌可湿性粉剂500倍液、50%苯菌灵可湿性粉剂1 500倍液。

63. 玉米穗腐病的危害症状及防治措施有哪些？

玉米穗腐病主要危害玉米果穗及籽粒。发病初期表现为果穗花

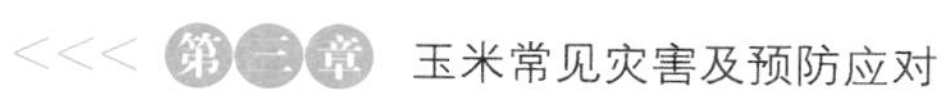

丝呈黑褐色，水浸状，果穗顶部或中部出现粉红色、黑灰色或暗褐色霉层。严重时，穗轴或整穗玉米腐烂。病粒无光泽，不饱满，质脆，内部空虚，常为交织的菌丝所充塞。果穗病部苞叶常被密集的菌丝贯穿，黏结在一起贴于果穗上不易剥离。

玉米穗腐病的防治措施主要有以下几个方面。

（1）选择早熟、抗逆品种　目前，生产上种植的玉米品种大多生育期偏长，收获时籽粒含水量偏高，机械收获时籽粒破损严重，导致穗腐病发病较重。因此，选用早熟、抗病、抗虫品种有利于抵御病原菌的侵入。

（2）种衣剂包衣　播种前将种子在阳光下曝晒杀菌消毒，并用种衣剂进行包衣，可减少种子自带病原菌和土壤中病原菌侵害。

（3）药剂喷洒　在玉米授粉前后10～15天，用杀虫剂进行集中喷洒，减少因虫害造成的伤口，防止病原菌的入侵，可有效防止穗腐病的发生。此外，在玉米吐丝期用65%代森锰锌可湿性粉剂400～500倍液喷施果穗，也可预防病菌侵入果穗。

（4）清除病株　收获后及时清除田间病株残体，减少田间越冬病原菌菌量，防止病原菌的继续侵染和扩散。

（5）合理储藏　成熟后及时收获，在玉米储藏前要充分晾晒，降低玉米籽粒含水量，将病粒、瘪粒和有虫口的籽粒筛选出去，防止病原菌因储藏时温度高、湿度大而感染蔓延。

64. 玉米锈病的危害症状及防治措施有哪些？

玉米锈病主要侵害叶片，严重时果穗苞叶和雄花上也可发生。植株中上部叶片发病重，最初在叶片正面散生或聚生不明显的淡黄色小点，以后突起，并扩展为圆形至长圆形，黄褐色或褐色，周围表皮翻起，散出铁锈色粉末。后期病斑上生长圆形黑色突起，破裂后露出黑褐色粉末。

该病借气流传播，进行再侵染，蔓延扩展。生产上早熟品种易发病，偏施氮肥发病重，高温、多湿、多雨、雾日、光照不足的情况下也利于玉米锈病的流行。在夏玉米生产区，一般7月中旬有侵染，8月底是发病盛期。

玉米锈病的主要防治措施有以下几个方面。

（1）选用抗病品种　选择生育期长的马齿型品种。

（2）合理施肥　根据玉米需肥种类合理施用，增施磷、钾肥，避免偏施、只施氮肥，提高寄主抗病力。

（3）加强田间管理　清除田间杂草和病残体，集中深埋或烧毁，以减少侵染源。

（4）药剂防治　发病初期喷药，可选用的药剂有25％三唑酮可湿性粉剂1 500～2 000倍液、50％硫黄悬浮剂300倍液、30％石硫合剂150倍液、25％敌力脱乳油3 000倍液或12.5％烯唑醇可湿性粉剂 4 000～5 000 倍液，每隔 10 天左右喷 1 次，连续防治 2～3 次。

65. 玉米粗缩病的危害症状及防治措施有哪些？

玉米粗缩病整个生育期都可感染发病，以苗期受害最重，5～6 片叶即可显症。植株茎节缩短变粗，严重矮化，叶片浓绿对生，宽短硬直，状如君子兰；顶叶簇生，心叶卷曲变小；叶背及叶鞘的叶脉上有粗细不一的蜡白色突起条斑。苗期得病，不能抽穗结实，往往提早枯死；拔节后得病，上部茎节缩短，虽能结实，雄花轴缩短，穗小畸形；生长后期感病症状不明显，但千粒重有所下降。

该病由灰飞虱以持久性方式传播，不经土壤、种子、病草、病汁液以及其他昆虫传播。在北方玉米区，春玉米以 4 月中旬以后播

种的发病重，播期越晚，感病越重。夏玉米以麦套玉米感病重，直播玉米感病轻，且早播的重、晚播的轻。

玉米粗缩病的主要防治措施有以下几个方面。

（1）选用抗病品种。

（2）调整播期　根据玉米粗缩病的发生规律，适当调整播期，使玉米对病害最为敏感的生育时期避开灰飞虱成虫盛发期，降低发病率。春播玉米应当提前到 4 月中旬以前播种，夏播玉米则应在 6 月上中旬播种为宜。

（3）提前预防　在小麦返青后，用 25%扑虱灵 50 克/亩喷雾。喷药时，麦田周围的杂草上也要进行喷施，可显著降低虫口密度，必要时可用 20%克无踪水剂或 45%农达水剂 550 毫升/亩，兑水 30 千克，针对田边地头进行喷雾，杀死田边杂草，破坏灰飞虱的生存环境。

（二）虫害

66. 玉米二点委夜蛾的危害特征及防治措施有哪些？

二点委夜蛾主要以幼虫躲在玉米幼苗周围的碎麦秸下或在 2～5 厘米的表土层危害玉米苗，一般一株有虫 1～2 头，多的达 10～20 头。在玉米幼苗 3～5 叶期的地块，幼虫主要咬食玉米茎基部，形成 3～4 毫米圆形或椭圆形孔洞，切断营养输送，造成地上部玉米。在玉米苗较大（8～10 叶期）的地块幼虫主要咬断玉米根部，包括气生根和主根。受危害的玉米田轻者玉米植株东倒西歪，重者造成缺苗断垄，玉米田中出现大面积空白地，严重者造成玉米心叶萎蔫枯死。二点委夜蛾喜阴暗潮湿的环境，畏惧强光，一般在玉米根部或者湿润的土缝中生存，遇到声音或药液喷淋后呈 C 形假死。

二点委夜蛾的防治措施主要有以下几个方面。

（1）及时清理　及时清除玉米苗基部麦秸、杂草等覆盖物，消除其发生的有利环境条件。清理麦秸、麦糠后使用三六泵机动喷雾机，将喷枪调成水柱状直接喷射玉米根部。

（2）培土扶苗　对倒伏的大苗，在积极进行除虫的同时，不要毁苗，应培土扶苗，力争促使气生根健壮，恢复正常生长。

（3）撒毒饵　亩用克螟丹150克加水1千克拌麦麸4～5千克，顺玉米垄撒施。亩用4～5千克炒香的麦麸或粉碎后炒香的棉籽饼，与兑少量水的90%敌百虫可湿性粉剂，或48%毒死蜱乳油500克拌成毒饵，于傍晚顺垄撒在玉米苗边。

（4）撒毒土　亩用80%敌敌畏乳油300～500毫升拌25千克细土，于早晨顺垄撒在玉米苗边，防效较好。

（5）随水灌药　亩用50%辛硫磷乳油或48%毒死蜱乳油1千克，在浇地时灌入田中。

（6）全田喷雾　可选用4%高氯·甲维盐1 000～1 500倍液对玉米幼苗、田块表面进行全田喷施。

（7）药液灌根　将喷头拧下，逐株顺茎滴药液，或用直喷头喷根茎部。药剂可用48%毒死蜱乳油1 500倍液、30%乙酰甲胺磷乳油1 000倍液，或4.5%高效氟氯氰菊酯乳油2 500倍液。药液量要大，保证渗到玉米根围30厘米左右害虫藏匿的地方。

67. 玉米螟的危害特征及防治措施有哪些?

玉米螟俗称钻心虫，其幼虫属于钻蛀性害虫，主要攻击玉米的叶心，蛀穿的叶心在展开后会在叶片上有一排钻蛀形成的小孔。玉米螟幼虫一般在玉米雄穗抽出后侵入，幼虫会直接钻入雄花并会使之于基部折断。此后，幼虫会转移到玉米雌穗中危害雌穗的花丝苞叶以及籽粒等。

玉米螟的防治方法主要有以下几个方面。

（1）处理秸秆　收获后及时处理越冬寄主秸秆，在越冬幼虫化蛹羽化前处理完毕，减少化蛹羽化的数量。

（2）人工摘除　发现玉米螟卵块，人工摘除，到田外销毁。

（3）化学防治　在玉米喇叭口期，玉米螟处于卵孵化盛期至幼虫2龄期，每亩用16 000国际单位/微升苏云金杆菌悬浮剂1 000倍液喷施心叶，隔1周喷1次，连喷2～3次。或在喇叭口期用8 000国际单位/毫克苏云金杆菌可湿性粉剂拌细沙制成毒沙（一般每亩用可湿性粉剂200克加细沙5千克配成），灌撒在玉米心叶中。

（4）杀虫灯诱杀　根据在夜间活动玉米螟成虫的习性，设置高压汞灯、黑光灯等可杀死玉米螟成虫，这种方法不仅能对玉米螟成虫有效诱杀，还能杀死其他具有趋光性的害虫。

（5）释放赤眼蜂　在玉米螟产卵期释放赤眼蜂，选择晴天大面积连片放蜂。放蜂量和次数根据卵量确定。一般每公顷释放15万～30万头，分两次释放，每公顷放45个点，在点上选择健壮玉米植株，在其中部一个叶面上，沿主脉撕成两半，取其中一半放上蜂卡，沿茎秆方向轻轻卷成筒状，叶片不要卷得太紧，将蜂卡用线、钉等固定结实。

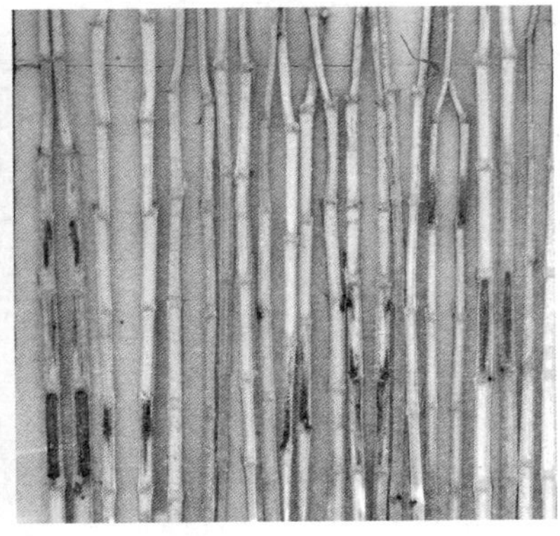

（6）信息素诱杀　玉米螟对性诱剂有较强烈反应，可用人工合

成的玉米螟性信息素诱芯（含量100～400微克）或直接从雌虫腹部提取性信息物制成诱芯，在田间诱杀雄虫，降低雌虫交配率和繁殖系数。具体方法为：成虫发生期将1个直径20厘米的水盆架在高于玉米植株顶部30厘米的地方，盆中盛水并加入少许洗衣粉，用铁丝将诱芯悬空挂在水盆中央，使雄虫在围绕诱芯飞舞时落水而死，每天将水盆中的死蛾捞出并添加水和洗衣粉。每亩挂放1个玉米螟信息素诱捕器即可，大约30天更换1次诱芯。

68. 玉米黏虫的危害特征及防治措施有哪些？

玉米黏虫又名“行军虫”，这种虫害通常具有暴发性，对于玉米植株具有毁灭性的危害。感染初期，黏虫主要依附于植株表面，啃食植株叶片，随着虫龄增长，会逐渐进入玉米叶鞘、叶心等位置，啃食的痕迹呈半透明带状斑。幼虫生长至5～6龄时对植株危害最大，对叶片、穗轴的啃食也最为明显。

黏虫的防治措施主要有以下几个方面。

（1）对幼虫的防治，可亩用50%辛硫磷乳油75～100克、或40%毒死蜱乳油75～100克、或20%灭幼脲3号悬浮剂500～1 000倍液，兑水40千克均匀喷雾。

（2）对成虫防治，要利用黏虫成虫趋光、趋化性，采用糖醋液、性诱捕器、杀虫灯等无公害防治技术诱杀成虫，以减少成虫产卵量，降低田间虫口密度。

69. 玉米地老虎的危害特征及防治措施有哪些？

地老虎具有多个种类，其中危害玉米的主要是黄地老虎与小地老虎。地老虎主要在夜间活动，以玉米幼苗为食物，可将幼苗接近地面的茎秆咬断，导致玉米植株死亡，严重时可使玉米地断垄。

地老虎的防治措施主要有以下几个方面。

（1）人工捕杀　在虫量较少、害虫个体较大而发生面积较小时，可进行人工捕捉。如地老虎幼虫长至4～5龄时开始危害，每天早晨检查玉米幼苗，发现受害植株时，扒开附近表土，即可找到害虫，人工捕杀，坚持10～15天。

（2）撒毒饵　播种后即在行间或株间进行撒施。用豆饼或麦麸20～25千克，压碎、过筛成粉状，炒香后均匀拌入40%辛硫磷乳油0.5千克，农药可用清水稀释后喷入搅拌，以豆饼或麦麸粉湿润为好，然后按每亩用量4.0～5.0千克撒入幼苗周围；或者用青草切碎，每50千克加入农药0.3～0.5千克，拌匀后成小堆状撒在幼苗周围，每亩用毒草20千克。

（3）利用杀虫灯诱杀　诱杀成虫可大大减少第一代幼虫的数量。每2～2.57公顷（即30～40亩）安装1盏频振式或太阳能杀虫灯，安装高度1.8～2米，20:00至早5:00开灯，可诱杀小地老虎等趋光性害虫的成虫，并每天及时处理所诱捕害虫的尸体。

（4）化学防治　在地老虎1～3龄幼虫期，采用48%毒死蜱乳油2 000倍液、2.5%高效氯氟氰菊酯乳油3 000倍液、20%氰戊菊酯乳油3 500倍液等地表喷雾。

70. 玉米蚜虫的危害特征及防治措施有哪些?

玉米蚜虫又叫玉米蜜虫、腻虫等，是禾本科植物的重要害虫。玉米蚜虫以刺吸植物汁液，苗期均集中在心中叶内危害。在危害的同时分泌“蜜露”，发病时可在玉米叶片上形成黑色片状物，影响其光合作用。玉米蚜虫具有数量多、善于聚集的特点，且繁殖速度快，传播较广。

蚜虫的防治措施主要有以下几个方面。

（1）药剂拌种　在每次播种前，使用适量的吡虫啉、噻虫嗪等药剂拌种。

（2）生物防治　大力养殖其天敌，如步行虫、瓢虫、寄生蜂、蟹蛛等。

（3）色板诱杀　利用蚜虫对黄色有趋性的特性，每亩挂20～25块涂上黏液或蜜液的黄色粘虫板，挂放高度以高于生长期玉米植株顶端30厘米左右为宜，可诱杀有翅蚜虫的成虫。

（4）化学防治　在玉米拔节期喷撒40%乐果乳油1 500倍液，或10%吡虫啉可湿性粉剂1 500倍液，或5%啶虫脒可湿性粉剂800倍液；或者在玉米大喇叭口末期，每亩用3%呋喃丹颗粒剂1.5千克，均匀地灌入玉米心内。

71. 玉米蓟马的危害特征及防治措施有哪些?

蓟马主要危害玉米心叶，同时释放出黏液，致使心叶不能展开。随着玉米的生长，玉米心叶形成“鞭状”，轻者叶片扭曲、破碎，重者造成玉米苗顶部分叉，后期不能结穗。如不及时采取措施，就会造成减产，甚至绝收。

蓟马成虫行动迟缓，多在叶子反面危害，造成不连续的银白色食纹并伴有虫粪污点，叶正面相对应的部分呈现黄色条斑。成虫在取食处的叶肉中产卵，对光透视可见针尖大小的白点。

蓟马的防治措施主要有以下几个方面。

（1）及时拔除虫苗，并带出田外沤肥，可减少蓟马蔓延危害。

（2）对于已形成“鞭状”的玉米苗，可用锥子从鞭状叶基部扎入，从中间划开，让心叶恢复正常。

（3）色板诱杀　蓟马对蓝色具有强烈的趋性，可以在田间挂蓝板，诱杀成虫。

（4）化学防治　每亩用10%吡虫啉可湿性粉剂，或4.5%高效氯氰菊酯1 000～1 500倍液，或20%氰戊菊酯乳油3 000倍液，或3%啶虫脒可湿性粉剂10克兑水30千克均匀喷雾，药液着重喷洒在玉米心叶内，可同时兼治蚜虫。

72. 玉米红蜘蛛的危害特征及防治措施有哪些?

红蜘蛛也叫叶螨，属暴发性的农业害螨，以成螨和若螨刺吸作物汁液，危害严重时，受害的叶片呈现出黄色斑点，然后叶片逐渐变白、干枯，籽粒干瘪，对玉米生产造成严重影响。

红蜘蛛的防治措施主要有以下几个方面。

（1）人工防治　发现虫卵要及时刮掉，并使用石灰水杀死越冬卵。

（2）农业防治　玉米种植前进行整地及深耕，消除杂草等红蜘蛛生长所需要的食物，同时将处于石缝及土缝间的红蜘蛛翻至土壤深层，因而杀死越冬红蜘蛛，从而有效控制红蜘蛛基数。

（3）化学防治　在玉米生长前期用40%水胺硫磷乳油1 000倍液或40%氧乐果乳油1 500倍液；中后期用0.2%阿维菌素乳油2 500倍液或1.8%虫螨克乳油3 000倍液进行喷雾防治。天气持续干旱时，间隔10～15天喷雾1次，连施2～3次。

（三）草害

73. 怎样选用玉米田除草剂?

玉米田主要杂草有马唐、反枝苋、金狗尾草、虎尾草、画眉草、龙葵、稗草、千穗谷、小藜、灰绿藜、马齿苋、凹头苋、猪毛菜、地肤、刺苋、狗尾草、繁穗苋、苋菜、藜、绿苋、牛筋草、青葙、刺藜、铁苋、苘麻、野西瓜苗和腋花苋等杂草。多年生杂草有旋花、芦苇和香附子等。玉米田选用除草剂应把握以下原则。

（1）播后苗前

① 田间没有杂草时的地块，可采用封闭处理，常用药剂有异丙草·莠、乙·莠、丁·莠和甲·乙·莠等。

② 小麦收割后，田间一年生杂草较多的田块，采用混用技术，实行“一封一杀”，常用药剂有异丙草·莠。

③ 小麦收割后，田间多年生杂草较多的田块，采用混用技术，实行“一封一杀”，常用药剂有异丙草·莠、草甘膦异丙胺盐等。

（2）玉米生长期

① 玉米1～3叶期杂草出土前到杂草1～2叶期，常用药剂有

异丙草·莠等。

② 玉米3～5叶期是玉米田杂草防除的一个重要时期，若不及时防除杂草，将直接影响玉米的生长及产量。常用药剂有4%烟嘧磺隆悬浮剂、40%金玉丰（烟嘧磺隆）悬浮剂等。

③ 玉米5～6叶期杂草较多地块，可以选择烟·莠去津、烟嘧磺隆、磺草·莠去津等。

④ 玉米5～7叶期香附子、田旋花、小蓟、灰菜等杂草较多的地块，可施用56% 2甲4氯钠盐可溶性粉剂、48%灭草松、40%喜事多（烟·莠去津）等。

⑤ 玉米8～10叶（株高80厘米）以后，如果田间杂草稀疏可加封闭除草剂一起使用，如异丙草·莠。

74. 玉米田封地除草剂使用时要注意哪些问题？

播后苗前除草剂，即通常说的封地除草剂。封地除草剂在使用时，应注意以下几个方面。

（1）土壤湿度要较大。在玉米播种以后，雨后或浇地后喷施，如土壤干旱或长出小草以后，基本上不能用封地除草剂。

（2）当麦茬较高、田间麦草覆盖地面时，这一类除草剂最好不用，因为喷不到地面，形不成药土层，就不能杀死顶土发芽的杂草。

（3）封地除草剂用药时间最早，药效期一过，杂草很快就会长起来，需要再次补喷其他的除草剂，浪费人力、物力。

（4）封地除草剂易使玉米叶片发黄，尤其是高温时用药，容易伤根。

75. 玉米苗后早期除草剂使用时要注意哪些问题？

苗后早期除草剂，即小草除草剂。目前，小草除草剂主要有硝磺草酮、烟嘧磺隆两种，对施用时间要求比较严格，必须在小草4叶期以前施用，用于封地和行间杀灭大草效果不理想。具体应注意以下几点。

（1）小草期施用，可以见草即喷，地面干湿不影响效果，对玉米苗安全性极高。

（2）对下茬作物，如小麦安全性好，但对下茬其他作物要有一定的安全间隔期。

（3）要先加 1/3 的水，再加助剂，然后加药液，混合均匀后加满水再喷施。

（4）在无风时喷施，以免药液漂移到其他作物上受害，最好用小喷壶喷雾，喷得越细致均匀越好。

另外，在结合治虫时，可混配菊酯类农药，不提倡混配其他农药。

76. 玉米田苗后中晚期除草剂使用时要注意哪些问题？

当杂草长至 6 片叶以后，应选择苗后中晚期除草剂，也就是灭生性除草剂。灭生性除草剂有克无踪、克瑞踪、草甘膦。所谓灭生性，即除草剂对所有绿色植物都能触杀，使用这一类除草剂应注意以下几点。

（1）必须定向喷雾，在喷头上安上保护罩，喷头对准杂草，严格注意不能喷溅到作物上。

（2）要在无风天气条件下喷施，以免药液漂移到作物叶片上。

（3）此类药剂杀叶不杀根，如遇连阴雨天气，很多杂草会迅速生长，危害作物，需要重喷 1 次。如掌握不好使用技术，不提倡施用草甘膦。

（4）温度越高，药效发挥越快，但对作物造成危害的机会越大，应注意避免在高温条件下用药。

77. 玉米田除草剂药害的症状有哪些？

随着除草剂应用比例的增加，玉米田除草剂药害发生非常普遍。除草剂药害轻则影响玉米正常生长，重则造成严重减产。

（1）烟嘧磺隆药害　玉米 3～5 期叶喷施烟嘧磺隆后 5～10 天玉米心叶褪绿、变黄，或叶片出现不规则的褪绿斑。有的叶片卷缩成筒状，叶缘皱缩，心叶牛尾状，不能正常抽出。玉米生长受到抑制，植株矮化，并且可能产生部分丛生、次生茎。药害轻的可恢复正常生长，严重的影响产量。

（2）2甲4氯钠盐药害　药害病状主要表现为叶片扭曲，心部叶片形成葱叶状卷曲，并呈现不正常的拉长，茎基部肿胀，气生根长不出来，非人工剥离雄穗不能抽出。叶色浓绿，严重时植株矮小，叶片变黄，干枯；果位上不能形成果穗，故常在植株下部节位上长出果穗；下部节间脆弱易断，根系不发达，根短量少，侧根生长不规则，对产量影响很大，甚至绝收。

（3）酰胺类除草剂药害　乙草胺是一种广谱的选择性芽前土壤处理除草剂，在作物播种后出苗前进行土壤表面喷雾处理。禾本科杂草由幼芽吸收，阔叶杂草由根和幼芽吸收，进入体内的药剂能干扰核酸代谢和蛋白质合成，使幼芽、幼根停止生长，最终死亡。在土壤中持效期可达2个月左右。酰胺类除草剂能抑制植物呼吸作用与光合作用，抑制蛋白质与RNA的生物合成，使植物不能制造生命所需的物质而死亡。该类除草剂只能防治禾本科杂草的幼芽，而不能防治成株杂草。甲草胺、异丙甲草胺（都尔）、乙草胺的田间用量分别为亩用有效成分120～144克、72～144克和25～50克；用量过大时将引起玉米植株矮化；有的种子不能出土，生长受抑制，叶片变形，心叶卷曲不能伸展，有时呈鞭状，其余叶片皱缩，根茎节肿大。土壤黏重、冷湿地块则能促使药害形成。

（4）莠去津除草剂药害　均三氮苯类除草剂主要是通过影响植物体内一系列生理生化过程，从而达到干扰抑制光合作用的目的，使杂草幼苗因不能进行光合作用，难以补充必需的有机营养而饥饿死亡；此类除草剂可有效防治田间一年生禾本科杂草与阔叶杂草，在玉米田使用比较安全。主要应用品种有莠去津等；田间用量分别为亩用67～100克和120～160克。但在土壤有机质含量偏低（低于2.0%）的沙质土壤或苗前施药后遇到大雨则可造成淋溶性药害。玉米苗后5叶期使用，在低温多雨条件下对玉米也会产生药害。表现为玉米叶片发黄。一般10～15天后叶色方可转绿，恢复正常生长。

78. 玉米田发生除草剂药害后的补救方法有哪些?

田间施药一周内要加强田间检查，一旦发现药害，应根据不同用药品种与用量及时预测可能造成的危害程度，立即采用相应的技术措施进行补救，以缓解药害。

（1）加强田间管理，促苗早发快长　触杀型除草剂所引起的药害，在危害较轻时，一般均能自行恢复；可加强田间管理、中耕松土，追施速效肥并浇水。同时还要叶面喷洒1%～2%的尿素或0.2%～0.3%的磷酸二氢钾溶液或惠满丰600～800倍液，对玉米恢复正常生长有利。同时，还应积极防除其他玉米病虫害，以提高玉米抵抗药害的能力。如受害过重，则应考虑补种、补栽或毁种，以免造成严重减产或绝产。

（2）应用植物生长调节剂促进生长　在玉米受到激素类除草剂2,4-D丁酯等造成的药害或内吸传导型除草剂的药害以及前茬作物除草剂残留药害时，可对玉米幼苗喷施芸薹素内酯稀释1 500倍液或叶面肥进行激活刺激生长；喷药后要立即浇水，以稀释土壤中的残留药液浓度，缓解药害程度，予以补救。另外，如预测出前茬作物的土壤残留药剂将危及玉米，也可用活性炭包衣种子，防止药害。

（3）除草剂解毒剂的应用　除草剂的解毒剂，可以减轻或抵消除草剂对作物的毒害。如萘酐、R-28725是选择性拌种保护剂，能被种子吸收，并在根和叶内抑制除草剂对作物的伤害，此类药物可使玉米免受乙草胺、丁草胺等除草剂的伤害。

（4）及时补种毁种　如玉米田药害过重，以上各项措施仍不能缓解受害程度时，则只能采取毁种或改种其他作物，以避免造成更大损失。

79. 用有机磷农药的玉米田为什么不能再用烟嘧磺隆除草剂?

烟嘧磺隆（玉农乐）属苗后茎叶处理除草剂，是玉米田常用除草剂之一，除草效果好，环境条件对药效影响小。在玉米体内，烟嘧磺隆会被迅速转变为无活性物质，所以对玉米安全。但是，玉米吸收有机磷农药后，会使烟嘧磺隆在玉米体内的降解速度变慢，烟嘧磺隆就会干扰玉米的正常代谢，影响玉米生长，产生药害。因此，如果玉米的种衣剂中含有机磷杀虫剂或玉米田喷了有机磷农药后，就不能再用烟嘧磺隆除草剂。有机磷农药作为喷雾剂使用的残效期一般在 7 天左右，作为拌种或土壤处理剂使用时残效期更长。在有机磷残效期内，不要再用烟嘧磺隆或含烟嘧磺隆成分的除草剂。

二、气象灾害

（一）旱灾

80. 什么是旱灾？旱灾发生特点有哪些？

干旱是一种常见的自然现象，当干旱程度超过自然界所能承受的范围，就会引发干旱灾害，旱灾是一种自然灾害，在世界范围内具有普遍性。通常由于土壤缺少水分，农作物失去平衡而歉收或减产进而导致粮食短缺问题，更有甚者会造成饥荒。干旱灾害同样会使得动物或者人类由于缺少充足的饮用水而导致死亡。除此以外，在干旱灾害出现以后极易引发蝗灾，从而导致更加严重的饥荒，引起整个社会动荡不安。

旱灾发生的特点具体表现为：一是发生频率高。我国每年大约有 14 种气象灾害（旱灾、洪涝、台风、低温、风雹等）发生，其中干旱灾害平均每年发生 7.5 次。据统计，1950—1990 年，有 11 年发生重、特大旱灾；1991—2008 年，有 7 年发生重、特大旱灾，平均不到 3 年就发生 1 次。二是持续时间长。近年来连季干旱、连年干旱的现象经常发生。1997—2000 年，北方大部分地区持续 3 年发生严重旱灾。三是受灾范围广、经济损失大。近几年在传统的北方旱区旱情加重的同时，南方和东部多雨区旱情也在扩展和加重，范围遍及全国。四是突发性和季节性较强。这种突发性旱灾，目前的预警技术还无法准确预报出干旱发生的时间与严重程度，而且季节性干旱在我国各地频繁发生，呈规律性上升趋势。

81. 玉米遭受旱灾的表现有哪些?

在玉米苗期、生长期因较长时间缺雨造成大气和土壤干旱或灌溉设施跟不上，不能在干旱或土壤缺水时满足玉米生长发育的需要而造成旱灾。

苗期干旱，植株生长缓慢，叶片发黄，茎秆细小，即使后期雨水调和，也不能形成粗壮茎秆，孕育大穗。

喇叭口期干旱，雌穗发育缓慢，形成半截穗，穗上部退化，严重时，雌穗发育受阻，败育，形成空穗植株。

抽雄前期干旱，雄蕊抽出推迟，造成授粉不良，形成花粒。

授粉期如果遇到干热天气，特别是连续 35 ℃以上的干旱天气，造成花粉生命力下降，影响授粉，形成稀粒棒或空棒。外观上花丝不断渗出苞叶，形成长长的胡须。

82. 玉米发生旱灾后补救措施有哪些?

（1）灌水降温　适时灌水可改善田间小气候，降低株间温度 1～2 ℃，增加相对湿度，有效地削弱高温对作物的直接伤害。

（2）进行辅助授粉　在高温干旱期间，花粉自然散粉，传粉能力下降，尤其是异花授粉的玉米，可采用竹竿赶粉或采粉涂抹等人工辅助授粉法，使落在柱头上的花粉量增加，增加选择授粉受精的机会，减少高温对结实率的影响，一般可增加结实率5%～8%。

（3）根外喷肥　用尿素、磷酸二氢钾水溶液及过磷酸钙、草木灰过滤浸出液于玉米破口期、抽穗期、灌浆期连续进行多次喷雾，增加植株穗部水分，能够降温增湿，同时可给叶片提供必需的水分及养分，提高籽粒饱满度。

（4）应用玉米抗旱增产剂　提倡施用奥普尔有机活性液肥（高美施）600～800倍液或垦易微生物有机肥500倍液、农一清液肥每亩用量500克，兑水150倍喷洒；也可喷洒农家宝、促丰宝、迦姆丰收等植物增产调节剂。

（二）高温热害

83. 高温热害对玉米的影响有哪些？

（1）影响雄穗发育　在孕穗阶段与散粉过程中，高温干旱对玉米雄穗产生了一定程度的伤害。当气温持续高于 35 ℃时不利于花粉形成，开花散粉受阻，表现出雄穗分枝变小、数量减少、小花退化、花药瘪瘦、花粉活力降低，受害程度随温度的升高和持续时间的延长而加剧。当气温超过 38 ℃时，雄穗不能开花，散粉受阻。这种因高温干旱导致花粉丧失授粉能力的现象，称为高温杀雄。

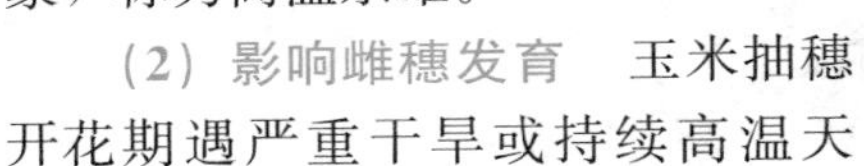

（2）影响雌穗发育　玉米抽穗开花期遇严重干旱或持续高温天气，高温不仅致使雌穗各部位分化异常，还会导致雌穗抽丝延迟、吐丝困难、发育不良，造成雌雄花期不协调、授粉受精率低，结实不良、籽粒瘦瘪。

（3）生育期缩短　高温天气迫使玉米生育进程中各种生理生化反应加速，各个生育阶段缩短。如雌穗分化时间缩短，雌穗小花分化数量减少、果穗变小。后期高温使玉米植株过早衰亡，提前结束生育进程而进入成熟期，灌浆时间缩短。

84. 夏玉米高温热害应对策略与补救措施有哪些？

（1）叶面喷肥和调节剂　锌、硼等微量元素在植物体内能增强蛋白质的抗旱能力。芸薹素内酯等植物生长调节剂能加速植物体内碳水化合物运输。喷施磷酸二氢钾等可减轻高温伤害，提高结实率。根外喷施 0.2%～0.5%磷酸二氢钾＋0.01%芸薹素内酯 150 毫升/公顷，可增强植株对高温的抗性。同时，要结合病虫害防治，做到一喷多防。

（2）及时浇水，营造小气候　针对气温高、土壤失墒快的问题，及时灌溉补墒，做到能灌尽灌，改善田间小气候，增强玉米抗高温能力，防止出现高温热害。浇水最好在 10:00 之前或 16:00 以后进行。

（3）人工辅助授粉　根据土壤墒情与地温，确保散粉吐丝期玉米对水分的需求，同时降低田间温度，维持植株水分在合理的水平上，有利于授粉受精。根据高温热害具体情况，建议在7月底至8月初夏玉米雌雄穗抽出后广泛开展人工辅助授粉。

（4）及时改种　对于已受高温热害导致死苗绝收的田块，要及时改种生育期短的蔬菜，力争做到抢季节、保面积，种满种足，多种多收。

（三）涝灾

85. 什么是涝灾？

涝灾属于气象灾害的一种，严格意义上讲，可分为涝害和渍害两种类型。涝害主要是指暴雨或持续降雨过后农田由于排水不畅形成积水，且积水超过农田作物耐淹承受能力。渍害是由于农田地下水位过高，导致土壤中的水分长时间处于饱和状态。但涝和渍绝大多数情况下是共同存在的，所以统称为涝灾。

86. 玉米发生涝灾的形态表现有哪些？

（1）苗期　田间持水量90%以上持续3天，玉米3叶期表现红、细、瘦弱，生长停止。连续降雨大于5天苗弱、黄或死亡。

（2）玉米中期　地面淹水深度10厘米，持续3天只要叶片露出水面都不会死亡，但产量受到很大影响。在8叶期以前因生长点还未露出地面，此时受涝减产最严重，甚至绝收。若出现大于10天的连阴雨天气，玉米光合作用减弱，植株瘦弱常出现空秆。

（3）大喇叭口期以后　耐涝性逐渐提高。但花期阴雨，7月下旬至8月中旬降水量之和大于200毫米或8月上旬的降水量大于100毫米，就会影响玉米的正常开花授粉，造成大量秃顶和空粒。

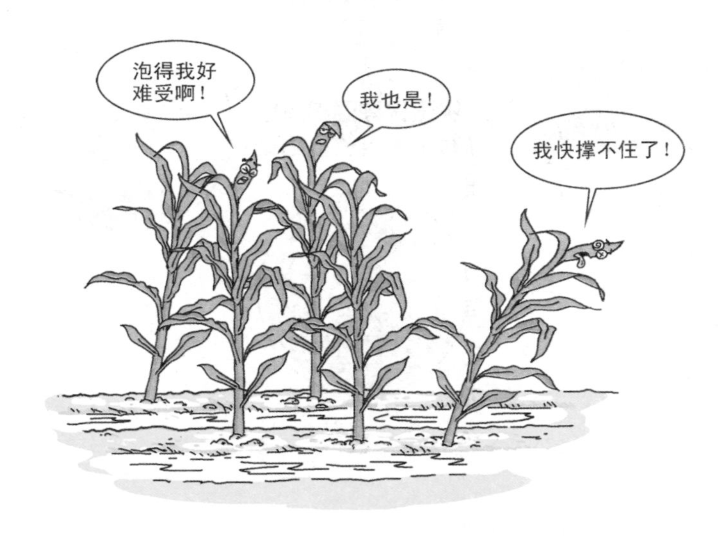

87. 发生涝灾后玉米减产的幅度有多少？

玉米是一种需水量大而又不耐涝的作物。据观测，土壤湿度超过田间持水量的80%以上时，植株的生长发育即受到影响，尤其是在幼苗期，表现更为明显。玉米生长后期，在高温多雨条件下，根际常因缺氧而窒息坏死，造成生活力迅速衰退，植株未熟先枯，对产量影响很大。有资料表明，玉米在抽雄前后积水1～2天，一般对产量影响不甚明显，积水3天减产20%，积水5天减产40%。

88. 玉米发生涝灾后补救措施有哪些？

（1）迅速排水降渍　农田长时间积水，土壤严重缺氧，玉米根系功能下降或窒息死亡。因此，暴雨后根据积水情况和地势，采用排水机械和挖排水沟等办法，尽快把田间积水和耕层滞水排出去，减少田间积水时间，做好田间沟渠的疏通、清淤工作，确保田间沟渠的排水畅通。抢排明水，降低水位，预防二次涝渍。同时，要把叶片、茎秆上的糊泥掸掉或洗净，以恢复叶片正常的光合作用。

（2）早扶倒伏植株　暴风雨后，玉米可能出现倒伏。倒伏后，茎叶重叠，不利于通风透光，造成田间郁蔽，会引起病虫害蔓延而减产。因此，暴风雨后要尽早扶起倒伏的玉米。

（3）及时补肥促壮　玉米受涝后，一方面，土壤耕层速效养分随水大量流失；另一方面，玉米根、茎、叶受伤，根系吸收功能下降，植株由壮变弱。因此，要及时补施一定量速效化肥，促进玉米恢复生长，促弱转壮。

① 根外追肥。根外追肥，肥效快，肥料利用率高，是玉米应急供肥的有效措施。田间积水排出后，应及时喷施叶面肥，保证玉米在根系吸收功能尚未恢复前对养分的需求，促进玉米尽快恢复生长。玉米田每亩用0.2%～0.3%的磷酸二氢钾+1%尿素水溶液45～60千克，进行叶面喷雾，每7～10天喷1次，连喷2～3次。

② 补施化肥。植株根系吸收功能恢复后，再进行根部施肥，补充土壤养分，保证作物对养分的需要，促进植株转壮，减轻涝灾损失。玉米处于抽穗扬花期以前的地块，每亩补施20～25千克高浓度复合肥，并于大喇叭口期或抽穗扬花期每亩补施7.5～10千克尿素，促进玉米恢复健壮。

（4）抓好中耕培土　中耕锄划培土，具有疏松土壤、散墒、促进更新发育的作用。玉米受涝后，往往造成土壤湿度大、土壤板结、通透性差，致使玉米根系活力下降，抗倒伏能力低下。应抓住雨后晴好天气，及时中耕1～2次进行松土和壅根，破除板结，防止沤根，增强根系活力和植株抗倒伏能力。

（5）强化病虫害防治　玉米受灾后，由于田间湿度大，往往会出现病虫害发生蔓延。因此，对受灾地块，重点做好中后期玉米螟等虫害和玉米大斑病、小斑病的防治。防治玉米螟，在夏玉米心叶中期，用白僵菌粉0.5千克拌过筛的细沙5千克制成颗粒剂，投撒玉米心叶内；在心叶末期，用50%辛硫磷乳油1千克，拌50～75千克过筛的细沙制成颗粒剂，投撒玉米心叶内杀死幼虫，每亩用颗粒剂5～7.5千克。防治玉米叶斑病，在玉米发病初期用50%多菌灵可湿性粉剂或50%代森锰锌500～600倍液，或50%多菌灵粉剂600倍液，或75%百菌清可湿性粉剂800倍液，加0.3%的磷酸二氢钾喷雾。

（6）对绝收地块抢时毁种　对毁种改种其他作物的地块，必须选择早熟作物及早熟品种。8月10日前，可以毁种改种大白菜、萝卜、芥菜；8月10日以后，可以种植香菜、菠菜、樱桃萝卜或大葱等早熟或耐寒的蔬菜品种。涝灾偏晚不适宜再毁种其他作物，水浇条件好的地块可以考虑进行设施农业建设与生产，提高生产效益。

（四）雹灾

89. 雹灾对玉米的危害症状及危害程度有哪些？

雹灾轻重主要取决于降雹强度、范围以及降雹季节与玉米的生长发育阶段。一般分为轻雹灾、中雹灾、重雹灾三级。

（1）轻雹灾　雹粒大小如黄豆、花生仁，直径约0.5厘米。降雹时有时点片几粒，有时盖满地面。玉米植株迎风面部分被击伤，有的叶片被击穿或打成线条状。对产量影响不大。

（2）中雹灾　雹粒大小如杏、核桃、枣子，直径1～3厘米。

玉米叶片被砸破、砸落，部分茎秆上部被折断。可减产20%～30%。

（3）重雹灾　雹块大小如鸡蛋、拳头，直径3～10厘米，平地积雹可厚达15厘米，低洼处可达30～40厘米，背阴处可历经数日不化。玉米受灾后茎秆大部分或全部被折断。减产可达50%以上，甚至绝产。

90. 玉米发生雹灾后补救措施有哪些？

玉米苗期由于尚未拔节，植株生长点靠近地表甚至在地表以下，所以遭受雹灾后一般不会因为植株生长点受损坏而导致死亡。雹灾引起的幼苗死亡，大多是因为雹灾时幼苗淹水或者雹灾后土壤湿度过大而导致的窒息死亡。因此，玉米苗期在遭受雹灾后一般都会逐渐恢复生长，灾后田间管理的中心任务就是尽快促进幼苗恢复生长。

（1）扶苗　雹灾发生时常有部分幼苗被冰雹或暴雨击倒，有的则被淹没在泥水中，容易造成幼苗窒息死亡。雹灾过后，应及早将倒伏或淹没在水中的幼苗扶起，使其尽快恢复生长。

（2）追施氮肥　受雹灾危害的玉米幼苗，由于叶片损伤严重，植株光合面积减少，光合作用微弱，植株体内有机营养不足。可在雹灾过后追施速效氮肥，促使幼苗尽快恢复生长。一般每亩可追施尿素 10～15 千克或碳酸氢铵 25～40 千克，在距离苗行 10 厘米左右处开沟施入。

（3）浅中耕散墒　由于雹灾发生时常常会伴随暴雨，雹灾过后土壤水分过多、过湿，或导致根系缺氧，或由于土壤温度较低而不利于幼苗恢复生长。雹灾过后，应及早进行浅中耕松土，增强土壤通透性，促进根系生长和发育。

（4）舒展叶片　植株顶部幼嫩叶片组织受雹灾危害后往往因坏死而不能正常展开，导致新生叶片卷曲、展开受阻，影响幼苗的光合作用。雹灾过后，应及时用手将黏连、卷曲的心叶放开，以便使新生叶片及早进行光合作用。

（5）补种　因雹灾造成部分缺苗的地块，可趁墒移苗补栽或点籽补种，以减少缺苗造成的损失。点籽补种时可考虑补种生育期比较短的玉米品种，如唐抗 5 号等。

（6）毁种　一般受灾田块不要轻易毁种，只有在受灾后死苗比较严重的地块，可考虑毁种生育期比较短的夏玉米、鲜食玉米、饲用玉米、绿豆、荞麦和叶菜类蔬菜等作物，以弥补雹灾所造成的损失。

（五）风灾

91. 玉米风灾发生原因及症状有哪些？

玉米拔节后，如遇 5 级以上大风，就会造成玉米倒伏，影响玉米产量。

小喇叭口期遭遇大风，出现倒伏，可不采取措施，基本不影响产量。小喇叭口期如遇大风而出现倒伏，应及时扶正，并浅培土，促根下扎，增强抗倒伏能力，降低产量损失。

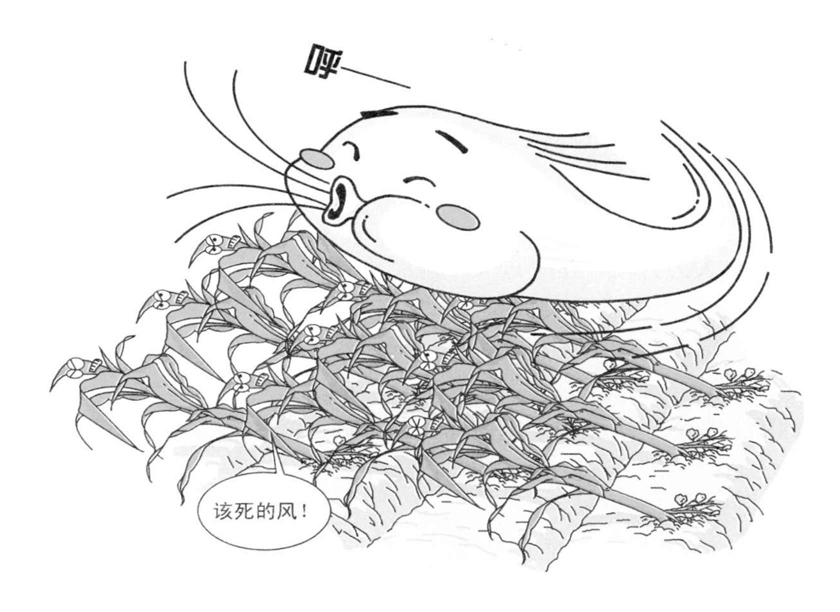

玉米拔节后的7～8月，高温、多雨天气导致玉米生长速度加快，阴天、寡照天气易引起茎秆徒长，如遇大风极易造成玉米大面积倒伏、倒折。

92. 造成玉米倒伏的原因有哪些？

玉米倒伏是在玉米生长过程中因风雨或管理不当使玉米植株倾斜或着地的一种生产灾害。随着农业生产力的发展和玉米产量水平的上升，玉米高产与倒伏的矛盾越来越突出，影响玉米生产。

玉米倒伏有三种因素：一是品种，二是人为，三是天气。在这三因素中，天气因素是玉米倒伏的关键因素。

（1）品种方面　一般来说，植株过高，穗位过高，秆细秆弱，或次生根少的品种抗倒伏能力差，易发生倒伏。

① 机械组织不发达，玉米茎秆的柔韧性、抗拉能力下降，使玉米植株的抗倒伏能力下降，发生茎倒伏。

② 根系不发达。根系初期生长不良，或整地质量差，根系入土浅，气生根不发达等，浇水后一旦遇到强风或风雨交加气候时出现根倒。

③ 有的品种因制种不严格导致自交苗多，空秆率较高、玉米丝黑穗病、大斑病和烂心病严重，生育后期早衰严重，也容易发生倒伏。

（2）人为方面　密度过大，施肥不合理等。

① 苗期及拔节期大水大肥、过多使用氮肥，磷、钾肥施用量不足，造成营养元素失衡，引发玉米倒伏。

② 苗期施肥普遍存在重氮轻磷的情况，钾肥尤其缺乏严重，而钾肥的缺乏直接导致玉米苗弱、茎秆韧性减弱。

③ 抽雄前生长过旺。抽雄前若玉米生长过旺，茎秆组织嫩弱，遇风即出现折断现象。

④ 密度过大。片面追求高密度增产，株行距过小或间苗不充分，群体内部通风、透光不良，造成玉米植株争肥争水，植株茎秆发育纤细、脆弱，节间拉长，株高增加，穗位增高，遇见大风大雨，造成倒伏。

（3）天气方面　拔节期的阴雨寡照和灌浆期的暴风骤雨。

93. 玉米倒伏的类型有哪些?

根据倒伏的状况一般分为根倒伏、茎倒伏和茎倒折 3 种类型。

（1）根倒伏　玉米植株自地表处连同根系一起倾斜歪倒。玉米不弯不折，只是植株的根系在土壤中固定的位置发生改变。根倒伏多发生在玉米生长拔节以后，因暴风骤雨或灌水后遇大风而引起。

（2）茎倒伏　植株中上部弯曲、匍匐，即玉米植株根系在土壤中固定的位置不变，而植株的中上部分发生弯曲的现象。一般株高 30 厘米之前生长正常，而后发生倒伏，表现出匍匐生长的习性，对产量影响最轻。茎倒伏多发生在密度过大的地块或茎秆韧性好的品种上。

（3）茎倒折　玉米植株拔节后倒伏，是从基部某节位折断，茎秆折断的部位有的是幼嫩的节、有的是节间。即玉米植株根系在土壤中固定的位置不变，茎秆又不弯曲，从茎的某一节间折倒。茎秆发育不良和瞬间强风是引起茎折的主要原因。此外，种植密度过大，田间透光通风效果差，造成茎秆细高也容易引起茎折。病虫防治不到位，如玉米螟危害引起的玉米茎折，对产量影响最大。

94. 倒伏导致玉米减产的幅度多大？

近年来，随着农业生产力的快速发展和玉米产量水平的大幅度提高，玉米的倒伏问题越来越严重。据统计，玉米倒伏通常减产20%～30%，严重者达50%以上，甚或绝产。

95. 如何预防玉米倒伏？

（1）把好密度关　定苗时稀植大穗品种如安玉12、鲁单981，每亩留苗2 800～3 000株；中密度品种如济单8号，每亩留苗3 500株；高密品种如浚单20、郑单958、洛玉4号、驻玉309等，每亩留苗4 000～4 500株。

（2）适时化学调控　在玉米7～11片可见叶时，进行化学调控。化学调控的药品品牌很多，按照要求化学调控。如用玉米抗倒抗逆增产剂——抗伏灵化学调控。亩用30毫升兑水15～20千克叶面1次喷施。若7月阴雨寡照苗期又没有进行化学调控，可在一块地有1～3株玉米雄穗露尖时化学调控。化学调控用玉米健壮素，每亩20～30毫升兑水15～20千克均匀叶面喷施。

（3）隔行去雄　在玉米抽雄期隔行去雄，散粉后雄穗全部去完，也有一定防倒效果。

96. 玉米进行化学调控的作用是什么？

玉米化学调控技术是应用植物生长调节剂，通过影响玉米植株体内激素系统而调节玉米生长发育过程，促使玉米能够按照人们预期的目的而进行生长变化的一种技术。玉米化学调控具有使用浓度低、剂量小、费用低、见效快、对人副作用小等优点。

（1）降低株高　玉米化学调控剂能明显地降低玉米植株高度，降低部位主要是玉米棒上部节间。据调查，玉米应用化学调控剂，株高降低幅度可达15～20厘米，穗位降低15～18厘米，且茎秆坚韧，根系发达，抗倒伏能力增强。

（2）促进根系生长　应用化学调控剂可促进玉米根系发达，增加玉米气生根条数30%以上，增加气生根层数1～2层。

（3）改变长相　玉米应用化学调控剂后，棒上部叶片普遍上举，植株收敛，叶片角度变小。雄穗以上6片叶角度较对照平均小4°。

（4）提高叶面积　玉米应用化学调控剂后可促使叶片宽大肥厚，增强叶片功能，提高玉米叶片光合作用。叶面积系数从4.0提高到5.5～6.0，有利于发挥高秆大穗型玉米的增产潜力，增产幅度一般为10%～30%。

（5）减少秃尖　改善玉米通风透光条件，提高玉米授粉率，秃尖减少0.5～0.6厘米，降低玉米空株率。

（6）提高产量　应用化学调控剂对玉米产量构成因子穗粒数、穗粒重、百粒重都有较大作用。在正常密度条件下，应用化学调控剂亩增产35.0千克左右，增产幅度为7.0%～10.0%；在增加10%密度条件下亩增产60.0千克左右，增产12.0%～15.0%。

（7）促进早熟　应用化学调控剂可促进玉米提早成熟2～3天，对缓解早霜危害意义重大；同时可降低籽实含水量3～4个百分点，对降水、提质作用明显。

97. 常用玉米化学调控剂的种类、使用方法及注意事项有哪些？

（1）常用玉米化学调控剂的种类　玉米化学调控常用的调节剂主要有乙烯利、玉米健壮素、缩节胺、矮壮素、多效唑和胺鲜酯等。虽然市场上玉米控旺产品名目繁多，但其离不开上述成分，或是单剂，或是混合剂。但喷施玉米尽量不要使用单剂，因使用单剂有一定的副作用，使用混合剂为好，因混合剂能达到速效与长效相结合的目的，受天气影响小，控旺增产突出，应用时间提前，无毒副作用。

（2）使用方法　以玉米7～10叶期为最佳化学调控时期。喷得过早，在化学调控植株的同时，也对雌穗发育有所抑制。过晚用药，会影响玉米的控制效果。一般在玉米抽雄前7～10天进行。每亩用量25毫升。具体兑水量为：用无敌牌5型电动超低量弥雾机，以25毫升原液兑一喷雾瓶清水（容积为1 600毫升），或用背负压缩式喷雾器兑清水10～15千克均匀喷施于顶部叶片即可。

（3）注意事项

① 要严格按照说明配制药液，不得擅自提高药液浓度。

② 要严格掌握喷施时期，不可提前或拖后。过早会抑制植株正常的生长发育，过晚则达不到应有的效果。

③ 不重喷、不漏喷，天旱不喷。喷玉米上部叶片，不可全株喷施。

④ 药液随配随用，不能久存，也不能与农药、化肥混用，以防失效。

⑤ 喷药后4小时内遇雨需重喷，重喷时药量要减半。

⑥ 施药时不要抽烟、喝水或吃东西。工作完毕，应及时洗净手、脸等处的皮肤及污染的衣物。

⑦ 高水肥、耐密植的高产田品种地块适于化学调控。低肥力的中低产田、缺苗补种地块及因特殊原因生物量明显不足的地块，不宜化学调控。

98. 玉米发生倒伏后补救措施有哪些?

（1）玉米在孕穗期前倒伏，不可动，不可扶。倒伏后3天之内能自然折起，靠近地面的茎节迅速扎根。由于根量增加，不会再有二次倒伏，对产量没有影响。一旦扶起，必然伤根，并且不再扎根，不仅影响产量，而且容易发生二次倒伏。

（2）玉米在抽穗后倒伏，不可剪叶，不可去头，只能扶起扎把。

（3）扎把时要扎紧，不能松动。

（4）扎把要当天倒、当天扎完，最多不能超过3天。3天后不能再扶，再扶伤根反而更加减产。

主要参考文献 MAINREFERENCES

董伟，郭书普，2014. 小麦病虫害防治图解［M］. 北京：化学工业出版社.

郭文善，2012. 小麦抗逆高产栽培技术［M］. 南京：江苏科学技术出版社.

赖军臣，2011. 小麦常见病虫害防治［M］. 北京：中国劳动社会保障出版社.

李少昆，2010. 玉米抗逆减灾栽培［M］. 北京：金盾出版社.

刘霞，穆春华，尹秀波，2015. 夏玉米高产高效安全生产技术［M］. 济南：山东科学技术出版社.

刘霞，穆春华，尹秀波，2018. 玉米安全高效与规模化生产技术［M］. 济南：山东科学技术出版社.

马春红，高占林，张海剑，2016. 玉米抗逆减灾技术［M］. 北京：中国农业科学技术出版社.

石洁，王振营，2011. 玉米病虫害防治彩色图谱［M］. 北京：中国农业出版社.

夏来坤，2016. 一本书明白玉米高产与防灾减灾技术［M］. 郑州：中原农民出版社.

张光华，戴建国，赖军臣，2011. 玉米常见病虫害防治［M］. 北京：中国劳动社会保障出版社.

张玉华，2017. 小麦病虫害原色图谱［M］. 郑州：河南科学技术出版社.

中国农业大学，全国农业技术推广服务中心，2013. 小麦主要病虫害简明识别手册［M］. 北京：中国农业出版社.

- 玉米绿色生产技术有问必答
- 粮食作物防灾减灾知识有问必答
- 玉米花生间作高产高效技术有问必答
- 绿肥作物种植与利用技术有问必答
- 苹果高效栽培技术有问必答
- 蔬菜绿色生产技术有问必答
- 食用菌高效栽培技术有问必答
- 循环种养知识有问必答
- 小龙虾生态养殖技术有问必答
- 食品安全与人类生活知识有问必答
- 农村物联网营销致富知识有问必答
- 农村人居环境整治知识有问必答

封面设计：姜　欣

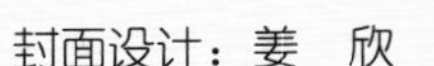
ISBN 978-7-109-26823-4

9 787109 268234 >
定价：18.00元

兽药安全使用系列丛书

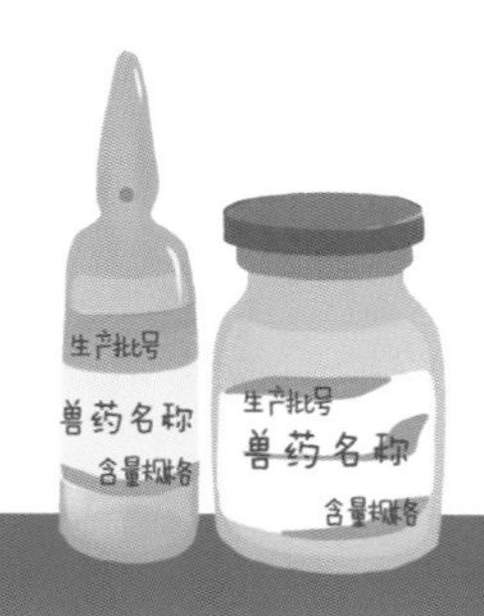

真伪识别和安全使用手册

第二版

中国兽医药品监察所 编

中国农业出版社